U0056844

我OK

快樂住外面！

一個人生活 完全BOOK

獻給各位讀者

一個人住自由自在又快樂，
但有關家事、金錢的管理、防範等問題，都是初次體驗，
因此每天有不少煩惱與不安也是事實，
畢竟好不容易才開始嚮往已久的單身生活。

本書的目的就是希望徹底提供各種支援，
讓你克服各種問題，愉快度日。
舉例來說，「不懂如何煮出美味的米飯」就參照54頁，
「希望每月的支出能多省下3000元」就參照98頁，
「希望了解如何拒絕強迫式推銷」就參照162頁，
「希望解決心情不好」就參照179頁。

舉凡找房子、搬家的祕訣，
以及家事的基本、節約法、危機管理等，
在陌生的地方無法請教他人的疑問或煩惱，
從今天起本書替你一次解決。
建議經常擺在身邊，一遇到問題就翻開來參考，
必能讓你實現愉快又幸福的單身生活。

快樂住外面！一個人生活完全BOOK
CONTENTS

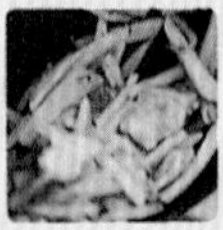

一個人生活須知10條

The do's and don'ts for your single life

應該是快樂自由的單身生活，
如果走錯一步，就是連續的陷阱！
閱讀本書前，務必牢記以下介紹的10條須知。
每 1 條都是單身生活最低限度必備的須知。
牢記在心就能確實理解
以下閱讀內容每一句話的意義！

第1條 找房子是單身生活的關鍵

單身生活的第一步就是找房子。因一時的衝動簽約，入住後才發現「外面的噪音太嚴重！」、「坐南朝北，因此完全沒有日照！」就已經來不及了。先定出條件，實地去參觀，比較多數物件後再決定。唯有找到自己滿意的房子，才能開始幸福的單身生活。

第2條 「三餐定時定量」來保持健康

以繁忙為藉口，吃外食或速食來解決三餐，即使吃飽也會導致營養失調，或因缺乏鈣質而使骨質密度宛如80歲的老人般。擁有健康的身體，才能擁有快樂的生活。所以儘量自己動手烹調，即使不是每天也不要緊，而外食時也要注意考慮營養均衡。

第3條 購物時看緊荷包

房租以及生活所需的費用，今後都非自己管理不可。因此一定要重新評估如何使用金錢。雖然不必太過節省，但也不能花錢如流水。否則一察覺時，可能已經「破產了！」。該用就用，當省則省。對花錢的方法有緩急之分，才能享受單身生活的樂趣。

第4條 培養看清真正需要物品的眼光

單身生活的空間很狹小，如果堆滿「用不到的物品」，空間就會越來越小。雖能理解邁向新生活之際，想買齊所有物品的心情，但下手前先考慮15秒，想想是否真的需要。在生活上不要浪費，簡單生活也是愉快單身生活的祕訣。

第5條 讓人想回家的室內佈置是成功的捷徑

「散亂到連腳踩的地方都沒有」、「桌上堆放化妝品用具或髒杯子」……。如果認為反正只有自己一人，弄髒也無所謂，就會使人心情低落。雖然房間、廚房、廁所、浴室都狹小，但只要多下點工夫，還是能變成舒適的空間。首先裝飾盆栽，挑選雜貨等，從小地方開始佈置。充滿自己喜愛的物品，應該能使單身生活更加快樂。

第6條 保護自己的危機管理也要萬全

生病或受傷時的就醫、發生火災或地震時的因應、出現可疑人物時的防範……。以往都有家人在旁協助，但今後就非自己來不可。把犯罪、災害、病痛等視為「隨時都可能發生在自己身上」，事前做好萬全的準備，一旦發生時才能適切的因應。

第7條 每月固定一次犒賞自己

掃除、烹調、金錢的管理等，單身生活該做的事堆積如山。不要強迫自己一切非做到完美不可，偶爾也需要放鬆一下。譬如藉由「上個月太省，這個月多買一點」、「這麼賣力打掃，去餐廳吃一頓晚餐！」等理由來適度紓解壓力。管理自己的心情也是單身生活的要點。

第8條 做人處世講求禮貌

過著一個人的生活，自己的生活狀況會直接受到週遭人的評價。倒垃圾、鄰居的噪音、遇到鄰居時打招呼等，如果沒有禮貌，可能會變成「讓人討厭的鄰居」。即使是自己的房子，但鄰居卻是許多人居住的公寓。為能每天心情愉快的生活，勿忘關照鄰居或附近的人。

第9條 能控制「單身時間」的人才能管理單身生活

一個人生活比住在自己家時有更多的私人時間。如何有意義的度過下班或放學、打工完回家後的時間——若說享受單身生活的關鍵在此也不為過。切勿因「好寂寞、空虛」而垂頭喪氣，多花點心思來享受用餐、沐浴或興趣的時間。

第10條 達成責任與義務，一個人生活才有自由

「因為父母不在，玩到三更半夜也不要緊」、「今後可以每天吃愛吃的義大利麵」……。單身生活不論何時回家、每天吃什麼，都由自己決定，非常自由。但如果因熬夜玩樂而生病，或因偏食導致營養失調，責任全在你自己。然而，不忘付房租、垃圾分類、夜間不製造噪音等義務也不能忽略。秉持自我規律的態度，才能自由自在的享受單身生活。

第一章

First step of your single life

從找房子到搬家—
準備新生活・祕笈

自己憧憬已久的單身生活即將來臨。
雖然體會興奮的心情，
但在此之前，從找房子到搬家，
非做不可的事太多！
第 1 章徹底講解有助順利展開新生活
的Know-how。

CONTENTS

01·01

單身生活的必要課程

有關租屋的法律基礎講座

Lecture of the law about the rental room ●●

「壁面可以釘圖釘嗎？」、「地板弄髒會被責罵嗎？」……
你清楚有關租屋的規定嗎？
租屋與自己的住宅不同，不能為所欲為。因此在開始單身生活之前，
必須弄清楚相關法律的基礎知識。
為避免因不清楚而付出高額的賠償，
從現在起就徹底學會。

在外租屋哪些事不能做？首先檢查你的理解度！

Q1 在壁面造成釘圖釘程度的洞也沒關係。　YES　NO

Q2 因家具的重量導致地毯凹陷是承租人的責任。　YES　NO

Q3 因香菸的煙油把壁面燻成黃色，但這是普通生活所導致而沒關係。　YES　NO

Q4 冰箱後方的壁面因電熱而變黑，因此被要求支付換貼壁紙的費用。　YES　NO

Q5 因未關窗導致雨下進屋內而弄髒地毯。這並非故意，所以沒關係。　YES　NO

Q6 因煙灰掉落而燒焦地毯。被要求支付重新更換地毯的費用。　YES　NO

Q7 在壁面畫圖來更改圖案。被要求支付全面更換壁紙的費用。　YES　NO

Q8 自行填補壁面的凹洞。但仍然被要求負起責任。　YES　NO

◀你想知道的答案，可參考下頁以後的判例！

●Step 01

以免日後後悔

了解基礎知識

Q 圖釘般大小的洞有沒有關係？

A 對隔板不造成影響就沒關係

壁面有圖釘般程度的洞，被視為「正常使用的耗損」。但這也限定「不需更換隔板的程度」。但是像釘子之類會對隔板造成影響，會被視為故意、過失引起的破損，因此當然不行。

Q 家具的重量造成的地毯凹陷有沒有關係？

A 地毯的凹陷會恢復原狀，因此沒有關係

因放置家具造成的凹陷，被視為「正常使用的耗損」。而且凹陷會恢復原狀，因此沒有關係。可是移動附腳輪家具造成的痕跡，有時會被視為「只要留意就能防止」的判例。

Q 因香菸的煙油把壁面燻黃，是否會被要求支付更換壁紙的費用？

A 如果是清潔就能去除程度的泛黃就沒關係。

退租後的清潔能去除的程度是在「正常使用的耗損」的範圍內。但如果是因未通風或擦拭壁面、清潔也無法去除的髒污，這種狀況必須全面更換壁紙，多半是由承租人負擔。

Q 因冰箱的電熱而變黑的壁面有沒有關係？

A 雖是「正常使用的耗損」，但仍需極力預防

冰箱是生活必需品，因此電熱變黑的壁面也被視為「正常使用的耗損」。但放置前必須考慮遠離壁面，以「善盡善良管理人的義務」的原則，多留意租屋生活的一切！

不了解就會吃虧

法律的基礎用語集

● 押金

承租人延遲繳付房租或損害建物時，最初押給屋主以彌補損害的錢。

Q 押金能全數退還嗎？

本來照理應全數退還。但如果雙方特別約定「因污損造成的修繕費由承租人負擔」，是否全數退還就不一定。

● 善盡善良管理人的義務

向屋主租借一定期間的租賃物件，承租人在此期間有必須細心注意管理物件的義務。

● 正常使用的耗損

平日生活中經常且正常使用的租賃物所造成的耗損。如設置家具引起的地板凹陷、電視或冰箱等造成的牆壁變黑等。

Q 因下雨造成的地毯污漬有沒有關係？

A 只要關窗就不會造成因此被視為過失

因下雨造成的地毯污漬，是你開窗未關上的過失。雖是自己的房間，但這是租來的房子，因此擦拭清潔也是承租人的義務（善盡管理人的義務）。通常退還押金的糾紛，多數是因有無善盡管理人的義務而成為爭議。

Q 香菸的煙灰燒焦地板！

A 過失引起的破損需由承租人負擔（民法第432條）

有關負擔義務，地毯是全面為單位，木質地板是以最低㎡為單位。反之，如果要求「全面」負擔榻榻米或木質地板，就是不當的要求。

Q 在壁面畫圖可不可以？

A 需要支付畫圖那一面的修補費用。

因為修補的不只是一小塊面積而已，還要配合壁面顏色（或圖案），因此負擔該壁面一整面才妥當。但並沒有更換整間房屋（即四面牆）的義務。

Q 恢復原狀的修補是否有效？

A 有效

恢復原狀義務被認為有因過失造成破損的修繕義務。亦即自行的修補或修繕也有效。如果是不小心造成的刮傷，使用市售的修補劑去修補就看不出來，但如果因修繕失敗反而造成傷痕或修繕痕跡明顯，有時不被認為「恢復原狀」。

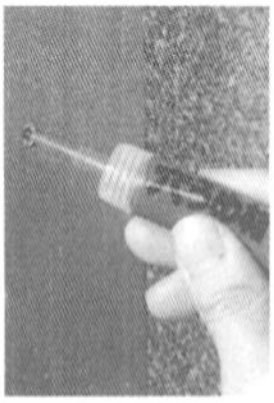

不了解就會吃虧

法律的基礎用語集

●自然消耗引起的耗損

經年累月所造成的褪色或磨損、故障等。譬如日照等引起的地毯、布料、地板的變色或設備機器的故障等均屬之。

●恢復原狀

並非「把租借時新建的物件像新建般歸還」，而是「取下裝置的物件來歸還」。

●承租人之通知義務

房客要特別注意，當房屋損壞時，房客有通知房東的義務，若無通知而使得損害擴大，房客須負責賠償。當房客已通知，房東拒不修理時，房客可要求終止合約，或向房東要求償還修理費(或抵繳房租)。

避免損傷
挑選變換樣式的物品

可裝卸膠帶

最適合用來貼塑膠地磚！
僅單面有弱黏性雙面膠帶。把塑膠地磚貼在地面時，弱黏性一面朝向地板來貼，撕去也不留痕跡。

更換壁面圖案也安心
緊密接著，而且能緩慢延展，卸下後壁面不留痕跡的雙面黏著墊。也可承受木板或塑膠板的重量。

強力卻能卸除的雙面膠帶
最適合用在不能釘鐵釘的壁面。強力卻能乾淨卸除是魅力。除海報之外，也能把中意的ＣＤ裝飾在壁面。

掛 勾

夾在門框
夾在門框，拴緊螺絲即可。這樣就不必在壁面或柱子打洞，而能掛皮包或帽子等物品。可在壁面懸吊觀葉植物。

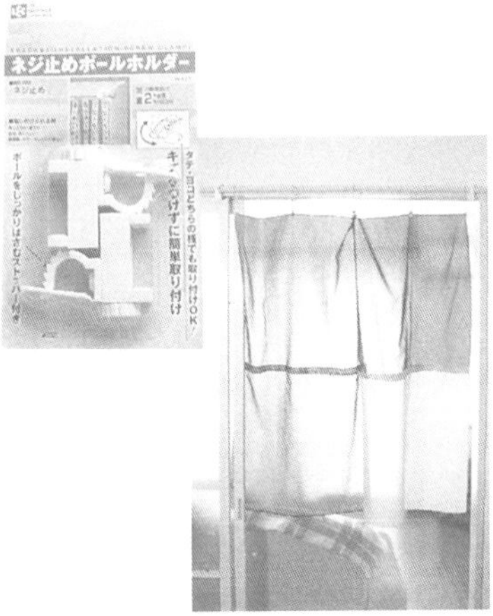

不需要釘子・螺絲釘
嵌入門框或窗框等，栓緊螺絲來固定，把桿子穿入支架部分就完成隔間的簾子！不會造成損傷，穿入桿子即可。

●編註：本書所有的材料物品示範圖，皆取樣自日本，謹供參考，
讀者如有需要，可自行於本地購買類似之材料來使用。

●Step 02

以便確實歸還租借的物件

磨練恢復原狀的技術

修補**木質地板的傷痕**

使用的修補用品

木質地板出現的小傷痕，選用蠟筆式的修補用品，方便又好用。

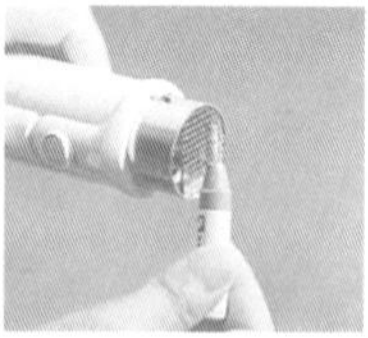

1 融解油灰

選好適合修補面的顏色，用吹風機稍微加熱來融解，以便滲入傷痕的細部。

2 填補傷痕

橫向仔細塗入傷痕來填補凹部。如果顏色不合就混色。

修補**壁紙的洞**

使用的修補用品

這是紙漿纖維的油灰，因此乾燥後會變成與布料一樣的彈性。不適合壁布。

1 取模型劑搓揉

取模型劑A、B同量，互相搓揉使顏色均勻。

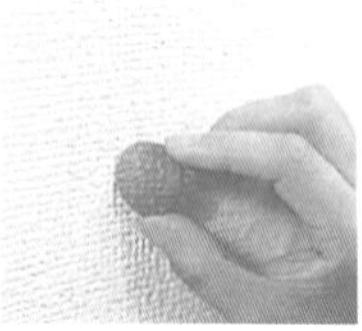

2 製作模型

把**1**塞入與壁布的傷痕部分相同圖案的部位，用手指用力壓，製作圖案的模型。

修補**柱子的凹陷**

使用的修補用品

油灰用來修補木質部分的凹陷傷痕很方便。乾燥後硬到能釘鐵釘。

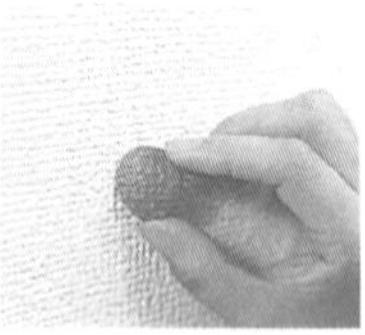

1 用油灰填補

取需要量的油灰，均勻攪拌混合後，填入凹陷部分。

2 用砂紙打磨

如果凹陷部小，可用吹風機吹乾。硬化後，用砂紙磨去多餘的部分。如圖所示，

3 去除多餘部份

用竹片刮除溢出周圍的部分，剩餘部分用布擦拭乾淨。

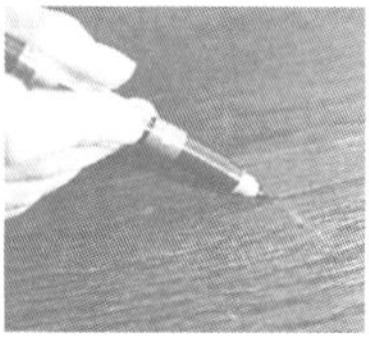

4 描繪木紋

最後，必要時用附帶的木紋筆來描繪木紋，著色後就完美無暇！

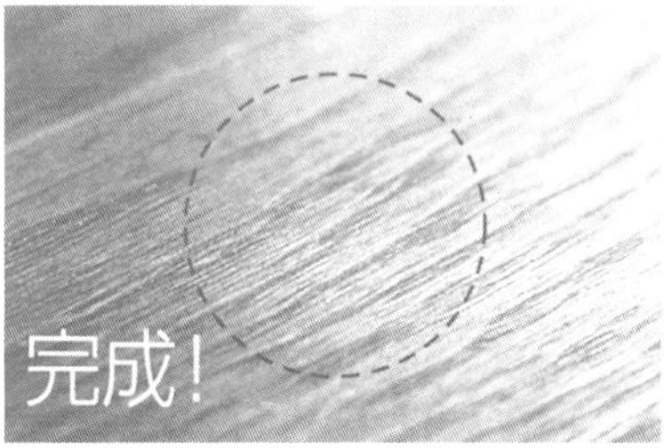

繪畫感覺非常簡單，而且能修整得如此漂亮。加上接著力強，因此日後也不會脫落，可安心使用

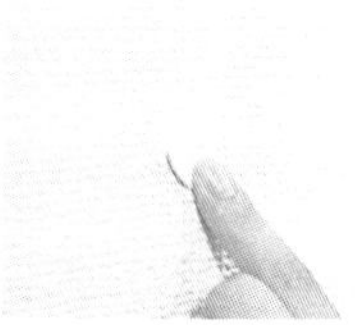

3 用油灰填補

取適量的油灰，用指尖壓入，填入洞的部分弄平。

4 壓上模型

趁油灰尚未乾燥時，均等加壓來壓上2的模型，讓圖案轉移到油灰上。

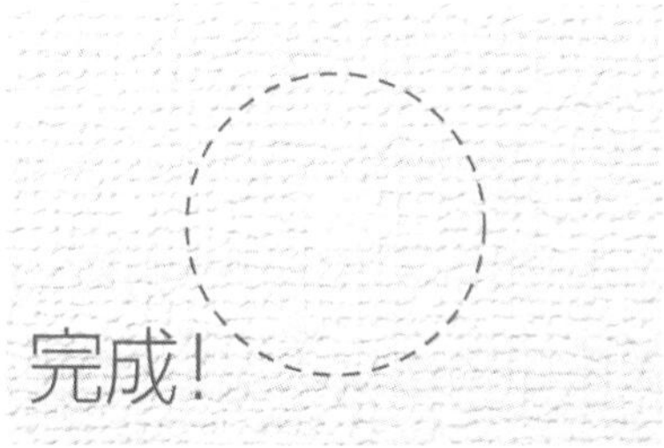

連壁紙的圖案都能恢復，漂亮完成修補！如果需要塗裝，可使用水性塗料或油性塗料。此外，也可在油灰中直接混入顏料。

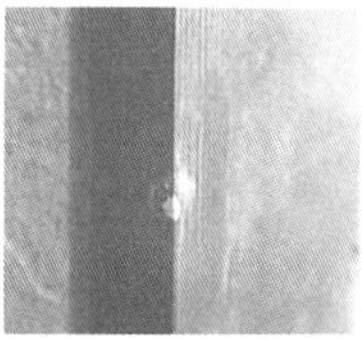

僅凹陷部分殘留油灰，多餘的部分用砂紙磨平。

3 著色

磨平後，用蠟筆或水性顏料來著色。最後用細筆來描繪木紋。

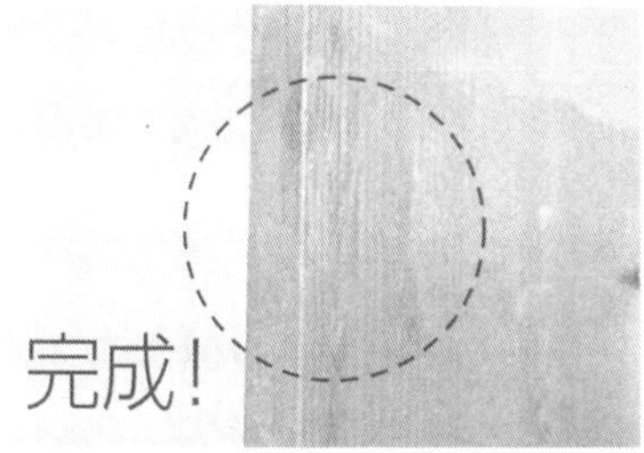

如圖所示，完全看不出凹陷的痕跡。著色時從淡色慢慢加深來塗就不會失敗。

●Step 03

斷然對抗
不當的要求

學習有關小額訴訟

對不當的要求．契約，以小額訴訟來對抗

「乾淨整潔的過日子，卻拿不回押金！」，遇到這種情形，可採取所謂小額訴訟的手段。小額訴訟是指較輕微、簡單或應速結的訴訟事件，以請求給付金錢或其他代替物或有價證券訴訟，訴訟標的金額在新台幣十萬元以下的事件。因此對不當的要求應以毅然決然的態度來提起訴訟。

提起訴訟需要什麼？

先向管轄房東居所或自己原來居住居所的所屬地方法院「簡易法庭」領取規定訴狀用紙，或到司法院網站下載「小額訴訟表格化訴狀」。相關手續可多利用諮詢窗口。訴狀需要準備證據文件、手續費等等。此外，以毅然決然的態度出庭時，具備有關恢復原狀的知識或以往的判例也很重要。

哪些東西能當作證據？

希望提起「這種污損是正常使用引起的！」的訴訟，因此，遷入時、退租時的照片當然可做為證據。此外還有●租賃契約書●押金的保管證明●房屋的隔間圖●修補、清潔估價單與收據等也都是證據。這些在提出訴狀時一併檢附。

小額訴訟的優缺點

原則上小額訴訟一次審判就可獲得終結（但仍須依案件狀況而定），簡易是最大的優點。但如果是以下的情形就應考慮正式訴訟而非小額訴訟。❶法院距離太遠，交通費可能與正式訴訟的費用相同。❷對方態度非常惡劣，以致一次無法解決而變成正式訴訟。❸認為自己表達能力不夠清楚，一次的審判可能無法暢所欲言就結束，而能做好事先準備的正式訴訟較為理想。

小額訴訟的優點

1 新台幣10萬元以下的金錢糾紛可加以利用

限訴訟金額在新台幣10萬元以下的小額金錢糾紛所進行的裁判。手續費一律是1000元。

2 若勝訴可要回手續費

假如勝訴，可向對方提出強制支付訴訟手續費（全額支付），這點非常保障起訴者的權利。

3 僅出庭一次即可

不必跑好幾趟法院，基本上僅需審理一次，快則30分鐘至1小時就結束。其間雙方各自陳述己見，調閱證據後一口氣做出判決，非常迅速。

4 可提出不服

對小額訴訟的判決如果有異議，雖不能再上訴，但只要對作出判決的同一法院提出不服，就可重新審理。

小額訴訟的流程

原告＝承租人
被告＝屋主

提出訴狀 → **準備證據文件（證物）・證人** → **通知日期** → **裁判** → **判決**

提出訴狀：向法院提出「小額訴訟表格化訴狀」2份。※可進入司法院的網站（http://www.judicial.gov.tw/）下載，事先填妥印出，更節省時間。

準備證據文件（證物）・證人：收集在入住・退租時拍攝的房屋照片等，可做為證物。

通知日期：訴狀被受理就會通知裁判的日期。

裁判：被告、原告均接受質問後，大致聽取雙方說法後提出「和解」方案。

判決：是否達成和解，取決於所提出的條件。審理後做出判決。

我的押金是這樣要回來的！
～退還押金的小額訴訟日記～

希望牢記
有關租屋的基礎知識

1. 承租人應注意的是故意・過失・違反注意善管義務
2. 所謂的「押金」是擔保不付房租，本來就應全數退還
3. 恢復原狀義務不包括「自然耗損」與「正常使用」
4. 在正常使用的情形下，打掃時的清潔費由屋主負擔
5. 對不當的要求切勿退讓，以小額訴訟奮戰到底

01·02

絕對不會後悔！

找房子的祕訣

How to get your best room ●●

掌握單身生活成功的關鍵在於找房子。
但如果收集資訊或實地參觀物件、簽約等都是「頭一遭」，就會感到「困惑！」「不知該怎麼辦……」。
為克服這種疑問或不安，能找到理想的房子，
以下介紹找房子的Know-how。

●Step01

不這麼做就無法起頭！

定出條件

1 房租　以收入的3分之1為基準

房租的上限是以包括管理費在內自己收入的3分之1為基準。例如新台幣4萬元左右的月收入，可尋找新台幣1～1.5萬元租金的房子。剩下的2萬元用來支付伙食費、水電費、電話費、交際費等，就是恰當的數字。

2 地點　不要太限定想居住的地區

依站名、與車站的距離，房租也有差異。祕訣在於××站到〇〇站的某範圍內。離站越遠，房租就越便宜。如果離站徒步15分鐘以上、搭乘公車就更便宜。此外，換乘路線多的大站，或捷運也停的站，房租也高。

3 希望遷入日　確定居住的日期

如果茫然尋找，不動產公司就不知如何因應。至少要在確定遷入新家的2個月前找房子。春、秋季的搬家季節物件少，因此建議早點開始找。

4 優先項目　對條件決定優先順序

屋齡	房子如果是新建，房租較高。如果其他條件符合，屋齡10年以上的物件，房租大約便宜新台幣3仟元。
噪音	鐵路沿線雖然便宜，但如果在意噪音，最好避免。但對白天經常不在家的人來說倒是個不錯的地方。
日照	一般來說朝南明亮、朝北昏暗。是否照射到陽光，與心情、冷暖氣費用都有關聯。
大廈	隔音比磚造公寓好是特徵，但房租也高。
附浴廁	房租較高，但老舊物件有時房租一樣。浴室有無熱水器功能也是重點。

●Step 02

比較檢討物件

收集資訊

1租賃資訊雜誌

翻閱租賃資訊雜誌就能了解哪些地區有什麼物件、房租的行情等。此外，找不動產公司也有幫助。

2利用網路

如果遷居地遙遠，不易取得資訊，利用不動產資訊網路就很方便。只要輸入座落地點或房租等條件，就能24小時從各地尋找物件。

3不動產公司的諮詢

如果有機會前往希望居住的地區，可參考附近不動產公司張貼的資訊。因為把推出的物件資訊貼在窗上，即使不入內也能獲得某種程度的資訊。多加利用就能了解房租行情或物件數等。

●Step 03

有租後服務

慎選不動產公司

證件是可靠度的基準

政府已於民國88年公布了「不動產經紀業管理條例」，因此，在前往不動產公司前，請注意下列證件（影本）是否揭示於營業處所明顯處：❶公司執照及營利事業登記。❷主管機關許可文件。❸不動產經紀人證書。❹收取報酬標準及方式。

大型VS當地不動產公司

如果要找「○○線沿線」等小範圍，具有較多物件的大型不動產公司較有利，如果限定某特定街，則以當地不動產公司較為有利。因為當地的業者彼此互相交換資訊的物件多。

認清業務形態

不動產公司的業務有「屋主」「代理」「仲介」等3種，但主要的業務是尋找承租人來與屋主簽約，向雙方收取仲介手續費的「仲介」。如果不動產公司本身就是「屋主」，或有代替屋主簽約權限的「代理」，有時交涉較為順利，手續費或房租等也較為便宜。

●Step04

確實檢查拜訪的方式

拜訪不動產公司

何時、做何打扮前往

不動產公司通常全年無休，不過最好還是先打電話確認再預約拜訪。此外，沒人想把房子租給「邋遢、可怕的人」。最好穿上乾淨的服裝前往。攜伴前往參觀是較安全的做法，但若是單身居住，也要向對方強調，以免被誤認為同居而影響租屋機會。

注意收費標準是否固定

根據台灣「不動產經紀業管理條例」第十九條規定「經營仲介業務者，應依實際成交價或租金按中央主管機關規定之報酬標準計收。」並依內政部規定，服務報酬約定比率須明確記載於委託契約書。其服務報酬方面，買賣合計不得超過6%，租賃合計不得超過1.5個月。

簽約前的流程

START

打電話
如果手邊沒有房屋的平面圖，先請對方傳真給你。

↓

前往拜訪
檢查在店頭窗戶張貼的物件資訊後，開門入內。

↓

在櫃檯檢查物件資訊
坐在櫃檯前時，通常會被要求填寫問卷調查表，此時填入自己的連絡地址與希望條件等。

↓

實地前往參觀
依狀況有時會立即實地前往看房子。此外，在希望參觀物件時，必須事先約好。

↓

在現場……
確實檢查 p 21步驟05的實地參觀的要點。如果有不了解的事項，就當場詢問承辦人。

↓

返回不動產公司
如果看中了實地參觀的物件，又是第一個參觀的物件，不要馬上決定。再參閱其他物件資訊，使想租的房子印象更加具體。

↓

檢討
不要倉卒決定，以冷靜的頭腦仔細考慮。把實地參觀時所確認的事項來跟平面圖比較，徹底檢討。

↓

決定

↓

預定
預定租屋並不等同租賃契約，僅表示想承租之意。填寫規定的申請書。有時須檢附繳稅證明等文件。

↓

接受審查
審查是檢討「能否把房子租給這個人」的作業。本來是由屋主來審查，但有時會委託仲介或代理的不動產公司來審查。

↓

簽約
通過審查後，終於要簽約了。準備必要文件與必要費用，前往不動產公司。簽約時間通常花費 1 小時以上。如果同一物件牽涉多名業者，有時還要與陪同實地看房子公司不同的不動產公司簽約。

↓

達成目標！
拿到新居的鑰匙就完成簽約！以後就是搬家！

●Step 05

確認是否依照自己的希望

實地參觀

房屋平面圖無從得知的事項 在實地參觀時必須檢查

從房屋平面圖能了解房子的大小或門扉數、有無收納空間及大小等大致的狀況，但天花板的高度、柱子是否突出、牆壁的顏色、實際的日照等，則無從得知。依這些條件，對房子寬窄的感受度也不同。

此外，收納空間的深度或高度、插座數或位置等，有關是否容易使用的事項也不少。在實地參觀時須加以確認。

最好早·午·晚共檢查3次

早

檢查通勤時間車站的擁擠程度，如果需要用到自行車，就要檢查有無自行車停放場。此外，實際走一趟來計算到達租屋處的所需時間。

午

設想假日，確認周邊的噪音或白天的日照是否良好。銀行或醫院、商店街或超市等在何處，並了解營業時間，可成為考慮生活機能是否便利的基準。

夜

檢查回家時間商店是否還在營業。此外，夜路是否昏暗，有無醉漢或閒雜人逗留，確認街頭的氣氛。

檢查表

室　內
□房子的寬度、天花板的高度等是否符合自己想像
□現場比對是否跟平面圖上的資料一樣
□洗衣機或床鋪等固定放置場所的空間是否夠大
□收納空間的深度與高度、收納量、是否容易使用
□插座或電視·電話線接頭數與位置
□廚房或盥洗室等用水場所是否容易使用
□廚房或浴室的抽風機是否發揮功能
□日照、座向如何，有無遮蔽陽光的建物
□隔音是否徹底（請承辦人發出聲音，從屋外檢查）

周邊環境	建地內
□玄關、走廊等公共空間的管理狀況是否良好	□自己走一趟來計算到達車站的所需時間
□垃圾堆放場的位置、管理狀況	□有無商店街與營業時間、商品是否齊全或物價等
□信箱位置、管理狀況	□有無區公所、公園、郵局、醫院等設施
□有無容易被侵入的場所或隱蔽的場所	□周邊噪音或氣味（幹線道路或工廠等）

●Step06

終於完成！
簽訂租賃契約

填寫申請書來預訂
實地看過房子後仔細檢討，改日再向不動產公司申請預訂。因為需要向屋主介紹預定承租人的詳細資料來審查，因此在遷入申請書填寫地址・姓名，以及月收入或服務機關（如果是學生則是填寫雙親的月收入等）。

預付訂金
為表示有意承租此一物件之意，有時會先預付訂金。這只是暫時預付的款項。如果被要求預付，必須注意以下事項。❶要求開立收據，❷收據是否明記這筆款項是訂金而應全數退還，❸承辦人簽名・蓋章、蓋公司章（公司的印鑑）。

簽約的流程
不動產公司的經紀人應對物件與契約的內容提出說明。此時承租人徹底確認是否與之前所說的內容一致。這是有執照者才能從事的業務，因此對方必須揭示貼有大頭照的資格證來說明。確認願意接受的內容，排除疑點或不明事項後，才進行簽名・蓋章。然後領取契約書，支付費用，最後拿新居鑰匙。

簽約時攜帶的文件	簽約前準備的文件
●必要文件	●身分證
●印鑑（印鑑證明）	●印鑑證明書
●必要費用	

契約書的確認要點

①有關房租的支付日期與延遲支付
確認如果未能按照規定的支付日支付房租會受到什麼樣的懲處，也要確認可能延遲支付時如何事先連絡告知。應填寫「延遲損害金」等項目。

②預告退租時
確認在何時之前、向何人、以何種方式連絡退租事宜。一般來說是1個月前，以書面方式告知。

③退還押金的規定
確認恢復原狀的基準。如果未明訂基準，就要請問基準為何。如果不清不楚，有時退租後會被要求全額支付修繕費！

④禁止事項
經常列入的禁止事項是不可養寵物等等。如果原本是單身居住卻變成與他人同居，可能有違約之虞。

⑤特約事項
檢查有無記載「被要求退租時，必須立即退租」等不利自己的內容。

希望牢記
找房子的5大祕訣

1 希望的條件明確
2 慎選不動產公司
3 仔細實地參觀物件
4 慎重檢討不要急
5 釐清契約的不明事項

單身生活指南 解決疑問Q&A part 1

如何解決租賃契約的糾紛？

「在簽約時未退還申請費」、「房租突然漲價」等，有關簽約的糾紛不少。為避免發生糾紛，必須對契約具備正確知識。在此徹底解決有關簽約的疑問。

Q01 房租突然漲價必須默默接受嗎？

A 先確認契約書。若房屋租賃契約訂有期限者，房東就不得任意調漲房租。若租約到期，房東再調漲房租時，此時承租人再決定是否要續約。

Q02 因重新粉刷公寓的外牆來收錢，是否要支付？

A 出租公寓或大樓，為提高整棟建物價值而修繕外牆、走廊等，基本上由房東負擔。事前須了解修繕建物的目的。

如何與鄰居交往？

為高明解決噪音問題等糾紛，彼此相安無事，與鄰居的交往也很重要。因為萬一發生「因感冒而起不了床時可幫忙買藥」、「幫忙趕走強制推銷」等困擾時，平日的交往就能發揮作用。

Q03 與鄰居有無交往？

A

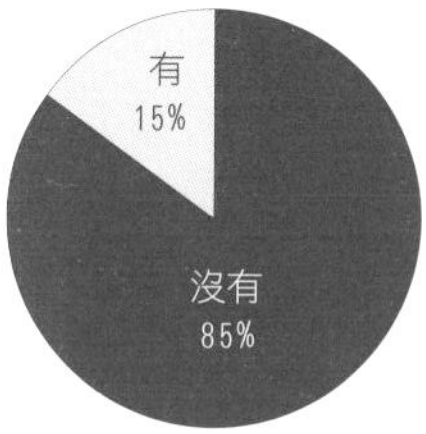

在都市地區，「沒有交往」佔多數。即使「有交往」，也僅止於碰面時打招呼的程度而已。有些人則只是寄放物品。

Q04 如何處理鄰居發出的噪音？

A 鄰居之間的糾紛最常見的是噪音的問題。但即使再怎麼困擾，如果態度不佳的提出警告，就可能發生糾紛。因此建議採取「我的工作很操勞而經常疲倦……」等委婉說明自己情況來拜託的態度，比較不會發生衝突。如果依然不能解決，或不好意思直接告知，可與房東或管理人商量。讓對方不知道是什麼人投訴的方式來告知。

Q05 禁止飼養寵物 但鄰居卻違反規定！

A 雖然規定禁止飼養寵物，但有些人違反規定卻無足夠的強制力來約束。如果因噪音或氣味等造成困擾，可向房東反應。尤其如果陽台的盆栽被破壞或物品損壞，飼主負有賠償損害的責任。

Q06 懷疑鄰居竊聽電話

A 竊聽是把聽到的內容告訴他人才構成犯罪。亦即，如果只是單純偷聽別人的談話自得其樂，就不構成犯罪要件。

為避免遭到竊聽，可自行採取對策。市面有出售附防竊聽功能的無線電話，但據說裝置特殊的接收器，就能在子機半徑50公尺的範圍內竊聽，因此打電話時儘量使用母機較為放心。

Q07 有些住戶不分類垃圾 以致垃圾堆積如山

A 垃圾的分類現在已是當然的義務。如果知道哪個住戶不分類，可連絡相關單位對其提出警告，另外偷偷把警告信放入信箱也是一招。對方一旦得知周圍住戶的抱怨，應該就會反省而分類垃圾。

Q08 如果被鄰居抱怨太吵 該怎麼辦？

A 如果被人抱怨太吵，就先道歉。不要強辯，先承認自己發出的噪音，向對方提出「以後會使用耳機」、「凌晨以後就不放音樂」等解決的對策來請求諒解。

只要誠懇告知以後會注意，相信對方就不會再追究。

Q09 樓下住戶很神經質 因而經常發生糾紛

A 如果經常抱怨，可透過房東或第三者來調解。如果還是抱怨不停，就請房東另外介紹其他物件搬家。與其每天擔心受怕的生活，不如選擇搬家。

Q10 有無與鄰居糾紛的諮詢場所？

A 與房東商量後，採取任何對策都無法改善時，可利用公家機關或律師公會。各縣市鄉鎮也設有專門受理居民之間糾紛的調解單位。

01・03

開始新生活

聰明的購物術

Smart shopping for starting your single life ● ●

找到理想的房子後，接下來要做的是購買必要的物品。
如果因邁向新生活，這個想買那個也想要而買個不停，不僅會超出預算，
也會使室內佈置不搭調，而導致後悔……。
所以，在此傳授如何聰明、划算且快樂的購買單身生活真正需要的物品。

向前輩請益！生活必需品的買法・齊備法

Q1 全部花費多少？

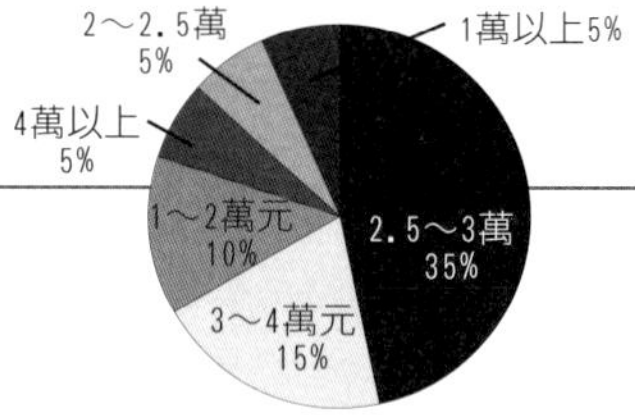

「冰箱的價格很貴，以致全部花費超出新台幣4萬元」（27歲/女性）、「從返回老家的學長接收許多家具用品，因此僅花新台幣1萬元左右」（24歲/男性）、「全都是撿來的，因此沒花錢」（25歲/男性），因方式的不同而千差萬別。平均以全套花費在新台幣3萬元上下的人居多。

Q2 便宜購齊的祕訣？

第１位	能要的就要
第２位	購買中古品
第３位	以整批購買來要求打折
第４位	只購買最基本的用品
第５位	購買老舊型式

「向結婚的人或返回老家的人索取最好。連家電、家具都能要到」（29歲/男性）、「從二手店購買中古品。因為僅使用數年就夠了」（21歲/女性）、「在電器店告訴承辦人「全部都在這裡購買，請打折吧！」這樣讓我省下不少錢」。（28歲/女性）。

Q3 仔細想想「哪些物品不需要」？

第１位	電熱水瓶
第２位	熨斗
第３位	床

因為有水壺，所以很少用到電熱水瓶」（23歲/女性）、「多半是針織衣或免燙材質，所以幾乎用不到熨斗」（22歲/女性）、「床會使房間變得狹小。只要鋪墊被即可…」（23歲/男性），認為只要能以其他物品來代替就不必購買的人佔多數。

齊備基本必備品

家電

●Part 01

家電是高價品是首先必要限縮的種類！

冰箱

冷凍室大
有助節省餐費

挑選冰箱時必須重視冷凍室的大小。如果足以保存熟食或吃剩的食材，就能節省餐費，而且也能使自己烹調變得更輕鬆。如果是單身生活，建議挑選雙門冰箱。

電視機

如果是內建錄放影機
就不佔空間

狹小空間的單身生活，不要選擇佔空間的家電。如果除電視之外又有一台錄放影機，牆邊的配線就會變得雜亂，而容易導致室內佈置不雅觀。但若選擇內建式就不會有這種煩惱！

洗衣機

如果附帶定時器
外出中也能洗好

炊事、掃除、洗衣等家事多又繁雜，在家時很難一次把這事做完。如果是附帶定時器的洗衣機，在外出前先設定好，這樣回家時就已經洗好，而能有效利用時間。

電子微波爐

**縮短自己烹調時間
不可欠缺的物品**

電子微波爐不僅能加熱，也能解凍或事先準備，因此是單身生活的必需品。不要被繁多的功能所迷惑，儘量選擇簡單又好用的機型是鐵則。

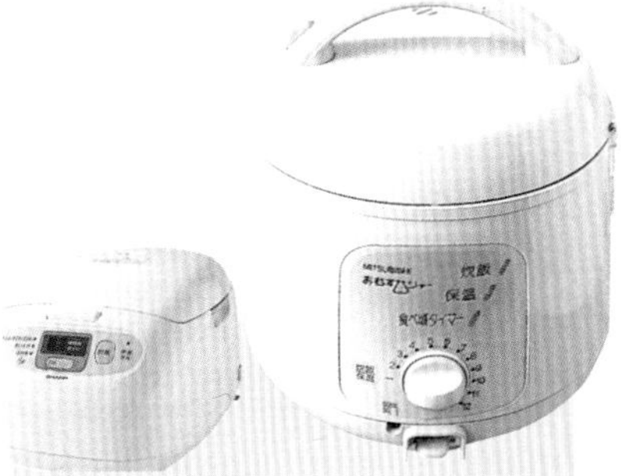

電子鍋

**暫先準備
可煮3人份的就足夠**

通常認為「大能兼小」而選擇大型，但同樣能煮3人份的電子鍋，如果用大型來煮，電費較高。因此挑選符合單身生活的機型才對！

向前輩請益 買了卻不常使用

最不常用的 3 種家電

第一位 **電熱水瓶**

第二位 **熨斗**

第三位 **電話機**

「雖然用電熱水瓶保溫熱水，但白天幾乎用不到。使用時每次煮開水較不浪費」（26歲/女性）、「坦白說沒有燙衣服的時間，因此自然而然以針織衣居多」（27歲/女性）、「現今使用行動電話或電郵已非常普遍，因此不常用到家用電話」（25歲/男性）等意見。

吸塵器

**建議選擇不佔空間的
直立式**

既然開始單身生活，每天的清掃就是自己的責任。能迅速取用又輕便的直立式吸塵器，打掃起來就便利許多。如果是6個榻榻米大的空間就夠用！也不佔收納場所。

●Part02

佈置房間的關鍵

家具

選擇簡單又小巧的樣式
就能使房間顯得寬敞

床

無壓迫感
的樣式是關鍵！

有過單身生活經驗的前輩，對床提出如下失敗的經驗，「個性化的樣式容易看膩」、「厚重感的素材會使房間顯得狹小」。總之，挑選簡單又小巧的樣式才對。

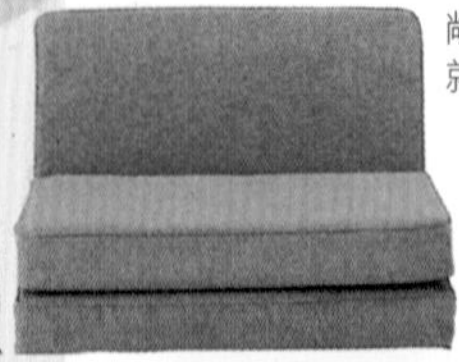

敞開
就變成床。

1張兩用的
沙發床值得推薦

沙發床能達成想要床也想要沙發的願望。折疊後能使房間變得寬敞，解決空間不足的煩惱！圖中是躺椅式沙發床。

矮桌（茶几）

最初挑選
低矮型即可

在3坪大的房間放置太大的桌子會很佔空間。如果想讓室內變得寬敞，可採用兼具書桌功能的方法。此外，高度也很重要。高的桌子會使房間顯得狹小，必須注意。

古董式矮桌
也有人氣！

不僅可當桌子，也可用來展示自己心愛的雜貨，可謂一舉兩得。

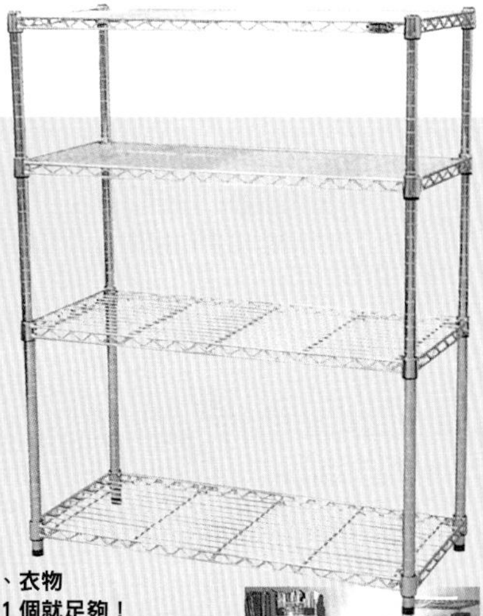

收納家具

考慮現有物品來選購

如果擔心不夠收納而一味選用大型置物架，或優先考量收納力而選擇有壓迫感的樣式，就是導致凌亂的第一步！建議考慮現有物品的量，嚴選不會造成浪費的置物架。

電視、衣物
有這 1 個就足夠！

鐵架

這種堅固的鐵製置物架，書籍、衣物、家電等，任何物品都能收納的收納力與簡單大方的樣式大受歡迎。尺寸或周邊零件也豐富。

使用箱子來分門別類收納，更能提高收納力。

可移動而最適合
狹小的空間

帶腳輪置物架（推車）

小型的樣式多，適合狹小房間使用。因為附腳輪，更換室內佈置或清掃時也方便。有附抽屜的樣式可分門別類收納而值得推薦。

價格合理而有人氣

分層架

可重疊或並排放置來彈性使用是魅力所在。裝上門扉，或在當中組合籃子或盒子，就能做為櫥櫃來活用。

放上面板就變成矮櫃，可組合成大型收納家具，活用度大。

向前輩請益　買了卻不常使用

最不常用的 3 種家具

第一位 **電視櫃**
第二位 **化妝台**
第三位 **衣櫃**

「電視櫃沒有收納力卻有壓迫感。因此現在把電視改放在置物架上」（23歲/男性）、「雖然買了化妝台，但現在都是在矮桌上化妝」（24歲/女性）、「衣櫃不僅會讓房間顯得狹小，在搬家時也很麻煩」（27歲/女性）等。如果房間狹小，就不要購買限定用途的家具。

每天生活的必需品

日用品

●Part 03

因是每天生活必要的物品，故要聰明購買不要浪費

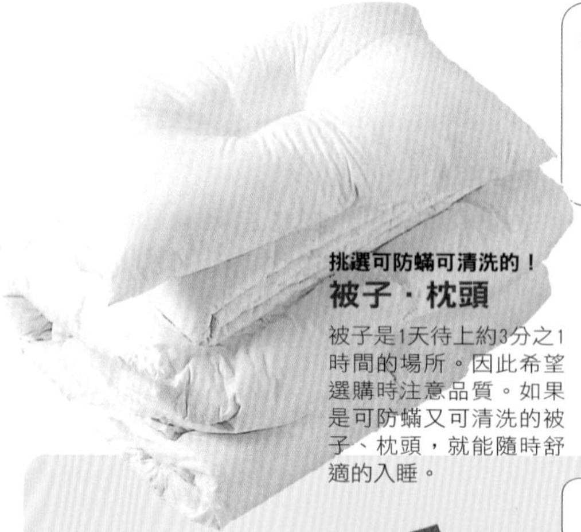

挑選可防蟎可清洗的！

被子・枕頭

被子是1天待上約3分之1時間的場所。因此希望選購時注意品質。如果是可防蟎又可清洗的被子、枕頭，就能隨時舒適的入睡。

布料

因佔面積而必須慎選顏色

布料也是左右室內佈置的重要物品。如果挑選類似家具顏色或房子本身的牆壁或地板顏色的顏色，就能吻合房間。

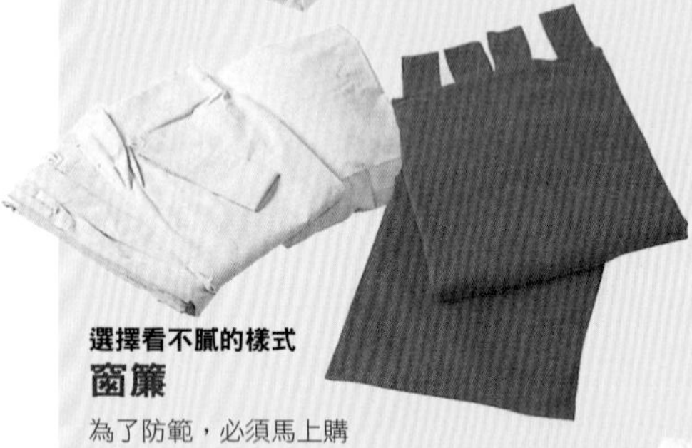

選擇看不膩的樣式

窗簾

為了防範，必須馬上購買的是窗簾。選擇素色就能搭配所有房間。如果想把房間佈置成富個性化，建議選擇鮮豔的色調。

建議準備3種尺寸

毛巾

洗澡、洗臉、廚房等使用的毛巾，不同尺寸各準備 2 條以上。

向前輩請益

如果再準備以下用品就更方便！

●塊毯
如果是木質地板，可防止冰涼或刮傷。

●墊子・坐墊
坐在地板時的必需品。有訪客時非常好用。

●廚房抹巾
用來擦拭餐具或水槽，準備數條就很方便。

●中華鍋
炒、煮、燙，有1只就能全部包辦。

●1人用砂鍋
煮好菜餚能直接端上餐桌的美觀鍋具。

●調味料罐
常用的砂糖或鹽等調味料容易取用。

●肥皂盤
可裝置在水槽，附吸盤式較好。

●浴室踏墊
沐浴後可擦拭腳。

●廁所垃圾筒
廁所有 1 個就方便用來裝垃圾。

●浴簾
在套裝浴室可用來防止水四處飛濺。

●掃把
清掃細部的灰塵或垃圾。

●「地毯用自黏滾筒」
只要有1把，就能邊看電視邊清掃。

●清潔地板紙拖把
可迅速擦拭地板的灰塵，省事的必需品。

●抹布
任何地方都能使用，基本的清掃用具。

●水桶
搬動清掃用具或清洗衣物時方便。

●鏡子
可檢查每天儀容，最好準備。

廚房用品

暫先準備1人份

最初準備幾件烹調器具，以及1人份碗盤就足夠。聰明利用飯碗代替碗公也重要。剛開始先控制在基本限度，再慢慢挑選品質佳的用品。

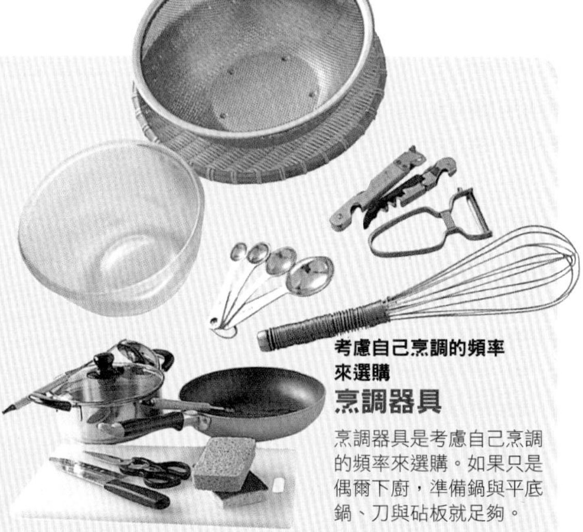

考慮自己烹調的頻率來選購

烹調器具

烹調器具是考慮自己烹調的頻率來選購。如果只是偶爾下廚，準備鍋與平底鍋、刀與砧板就足夠。

考慮垃圾分類準備2個以上

垃圾筒

可燃性垃圾、不可燃性垃圾、資源垃圾用等，配合居住地區的垃圾分類來準備，倒垃圾時就方便。

每天都會用到挑選自己中意的樣式

杯・玻璃杯類

剛開始準備1只自己中意的杯子即可。如果是馬克杯，就能用來沖咖啡或裝湯等。

準備大・中2種尺寸就好用

碟・盤類

如果是直徑30ｃｍ的碟，用途就廣而方便。此外，挑選美麗的樣式，快樂度過用餐時間也很重要。

準備基本的3件即可！

刀叉湯匙

最好選擇稍大，這樣就能因應各式料理。此外，筷子選擇較長的，這樣也可用來當油炸筷。

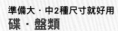

衛浴用品

選擇耐髒且容易清洗是要點

廁所與浴室是每天都會使用的場所，因此容易弄髒。建議衛浴用品最好選擇耐髒且容易清洗的素材。

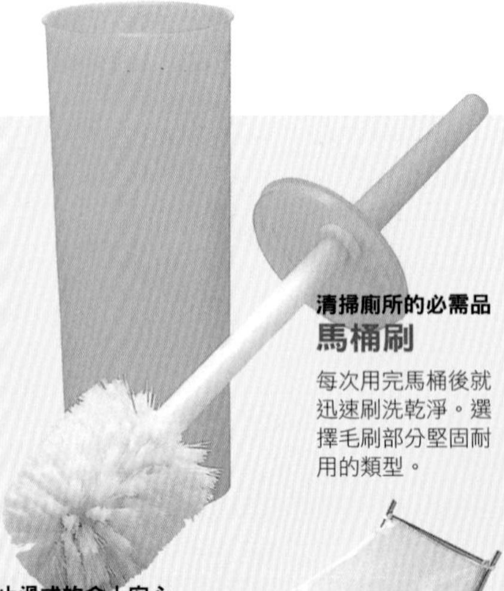

清掃廁所的必需品

馬桶刷

每次用完馬桶後就迅速刷洗乾淨。選擇毛刷部分堅固耐用的類型。

止滑式的令人安心

浴室凳

如果浴廁分開，在清洗身體時不可欠缺。挑選附橡皮的止滑式較為安心。

折疊式就不佔空間

洗衣籃

可防止換洗衣物被外人看到。可塞進縫隙的折疊式較為實用。

如果是聚脂纖維素材就快乾

馬桶踏墊

如果家中是套裝衛浴設備，就可用來當浴室踏墊，建議選擇快乾的材質。

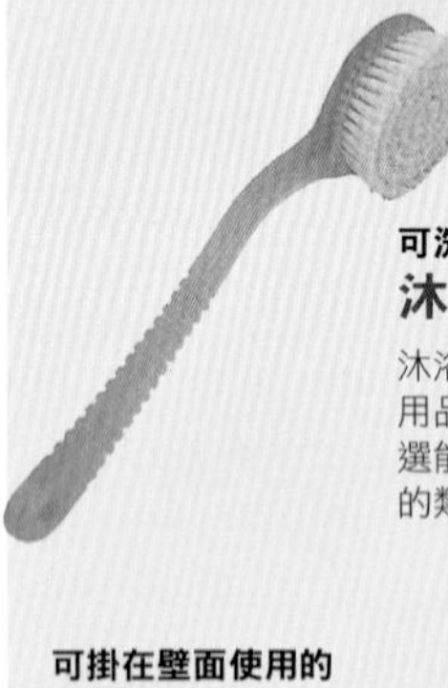

可洗背的長柄式

沐浴刷

沐浴時不可欠缺的用品之一。建議挑選能清洗身體各處的類型。

可掛在壁面使用的附吊鉤式

鐵絲吊籃

附吊鉤，與吸盤鉤組合就能裝置在壁面，而能聰明活用空間。

向前輩請益　買了卻不常使用

最不常用的 5 種日用品

第一位	**三角瀝水籃**
第二位	**水壺**
第三位	**盆**
第四位	**牙刷架**
第五位	**量匙**

「三角瀝水籃容易有難聞的氣味。在排水口套上過濾網就足夠」（26歲/男性）、「只有夏天沖泡麥茶時才用得到水壺」（28歲/女性）、「有碗公就用不到盆」（24歲/男性）、「熟悉烹調後用目測即可，而用不到量匙」（26歲/女性）等意見。選購日用品時必須考慮是否真正用得到。

仔細想想自己現在需要什麼

●Part 04

低價購齊日用品！

統一價格商店

在10元・50元商店必須仔細確認品質

在10元商店或50元商店各式日用品齊全。可是真正實用的商品與不實用的商品一起陳列，讓人眼花撩亂。因此購買時必須仔細檢查細部是否牢固。此外，剪刀或刀具等僅從外觀無法判斷優劣的用品最好避免。如果僅用一次就壞掉，就會後悔。在此推薦購買較不會失敗的餐具或布類等。

專賣品質佳的日式餐具99元統一價格商店

99元統一價格商店能買到款式漂亮、品質達到某種水準的日用雜貨。值得推薦的是日式雜貨。因太貴而買不下手的日式餐具，如果在99元統一價格商店，就能用合理的價格買到缽、碟、碗等餐具。此外，衛浴用品或拖鞋等起居室用品的種類也繁多。

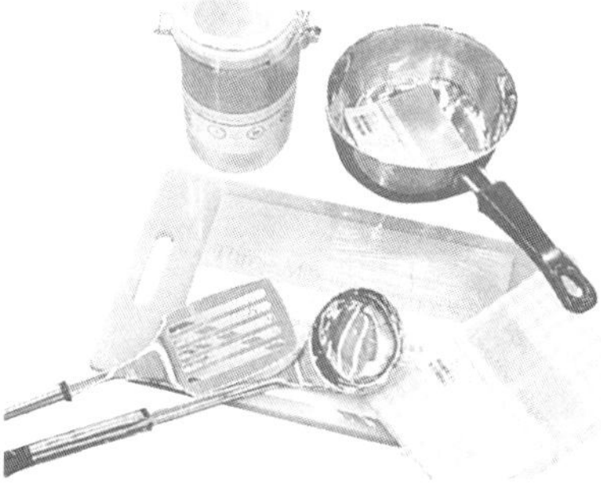

Part 05

整批採購餐具或家具

暢貨中心

暢貨中心究竟是什麼商店？

樣品或在店鋪有瑕疵的商品、尺碼不全的商品，為了清庫存而打折出售的商店。因為「有瑕疵」，故斷然打折出售，有些價格是定價打八折或對折以下，因此讓人有賺到的感覺。

次級品、樣品、尺碼不全品的差異何在？

次級品是指口袋或鈕釦縫錯，或車線錯誤、織紋有瑕疵等不完美的商品。而樣品是在賣家展示會中展示的試作品。尺碼不全品是停止生產後剩下的不齊全商品。但這些商品和正品幾乎沒有兩樣。

有哪些品牌？

基於附近百貨公司有相同品牌的正貨店鋪等理由，因此不能大肆宣傳。建議在前往之前先上網確認。

暢貨中心的聰明利用法

1 徹底確認廉價的理由

確認廉價出售的理由後再購買。在暢貨中心中也有陳列原本就為出口而製造的廉價商品，因此必須注意。

2 越貴的商品越好嗎？

暢貨中心並非用更便宜的價格購買廉價商品的地方，而是能整批採購平時買不下手的高級品的地方。因此聰明的利用法是平時逛街時忍住零碎購物的衝動，一次整批採購品質佳的商品。

3 鎖定基本款！

如果想買流行的款式，建議在街頭的商店拍賣時購買，暢貨中心並不陳列流行款式。在此鎖定高品質的傳統基本款才是正確的利用法。

4 前往之前先列出採購清單

因店鋪數及商品數多，如果走馬看花就無法決定想買什麼。事先寫下採購目的，就能從大量的商品中找到自己真正想買的物品。

●Part06

連昂貴的家電都能廉價購得

舊貨回收店（二手店）

了解有關「家電回收」

依據現今回收規定，家電不能當作垃圾丟棄，而有付給購買的零售店或換購時的零售商回收費來回收的義務。因此購買家電時，必須考慮日後可能支付的費用。

家具或家電免費！公營舊貨回收中心

在公營舊貨回收中心，把當作垃圾處分的家具或家電修理後，提供給需要的人。利用法各不相同，依地區有在網路上設置交換二手貨資訊的場所，建議不妨藉此機會重新評估自己所居住地區的二手貨活動。

網路資訊蒐集

哪裡可以取得二手商品交易資訊？

經濟部商業司－二手交易網

● 網址：
http://gcis.nat.gov.tw/usedgoods/index.html

● 宗旨：
經濟部商業司成立的二手交易網，
乃為考量大眾能有足夠資訊交流，
特別在每一年都舉辦
「二手商品交易市集輔導計劃」。

Shopping List

家 電	索取	購買	日用品	索取	購買
☐ 冰箱	☐	$	☐ 各種清潔劑	☐	$
☐ 洗衣機	☐		☐ 刀具、砧板	☐	
☐ 電視	☐		☐ 平底鍋、鍋具	☐	
☐ 電子微波爐	☐		☐ 盆、篩網	☐	
☐ 電子鍋	☐		☐ 廚房用品	☐	
☐ 吸塵器	☐		☐ 櫃子	☐	
☐ 電話機	☐		☐ 玻璃杯	☐	
☐ 燈具	☐		☐ 飯碗	☐	
☐	☐		☐ 碟子	☐	
☐	☐		☐ 刀叉湯匙類	☐	
☐	☐		☐ 垃圾筒	☐	
☐	☐		☐ 被子、枕頭	☐	
☐	☐		☐ 被套・枕套	☐	
家 具	索取	購買	☐ 窗簾	☐	
☐ 床	☐	$	☐ 毛巾(大・中・小)	☐	
☐ 桌子	☐		☐ 馬桶刷	☐	
☐ 椅子	☐		☐ 衛生紙	☐	
☐ 架子類	☐		☐ 沐浴刷	☐	
☐	☐		☐ 沐浴用凳子	☐	
☐	☐		☐ 牙刷	☐	
☐	☐		☐	☐	
☐	☐		☐	☐	
☐	☐		☐	☐	
☐	☐		**合計 $**		

01·04

開始出動！

第一次搬家

For your first removal ● ●

找好房子，購齊必要用品後，接著就要準備搬家。
以下徹底傳授從如何選擇搬家方法，
到聰明打包的方法、日後不後悔的家具或家電配置術等，
聰明搬家的Know-how。徹底檢查，在新居展開舒適快意的生活！

●Lesson 01

讓搬家更順利

實地參觀新居

徹底檢查外圍、各處的寬度，以免發生「從玄關搬不進床」的困窘！

首先，確認樓梯或樓梯平台的寬度、玄關口的寬度等，能否搬入行李。有無可供搬運車輛的停車空間，另外從停車處到房子的距離也很重要。室內則要檢查插座的位置，以便想像把什麼物品放在什麼位置。

●Lesson 02

聰明估價

決定搬家的方法

考慮金錢・時間・勞力！

你是哪種類型？

新居地太遠or不想花費時間或勞力！ → 委託專門業者！（參P38）

總之就是想要省錢！ → 自助搬家！（參P38）

搬家法・之1
委託專門業者

委託專門業者時的注意事項

如果想節省時間與勞力，建議委託提供打包材料，負責打包及拆箱、清掃等全套服務的搬家專門業者。如果行李多，或新居地太遠，最好委託業者。但服務越多，費用就越高。如果想省錢，就自己努力打包。

※為確保搬家公司有營利事業登記證，可至經濟部全國商工服務入口網，在「商工登記資料公示查詢系統」中即可查詢。（http://gcis.nat.gov.tw/index.jsp）

首先委託估價

事先委託多家業者來估價，進行比較檢討。最好的方式，在搬家兩週前電請搬家公司到府估價，及搬家常識諮詢。並請搬家公司開立估價契約，內容應載明搬運樓層、路線、物品明細、服務範圍(例如：傢俱包裝、拆卸……等等)及搬運金額或特殊收費項目。否則等到搬家當天，準備的車輛載不下行李，既要多花費用又浪費時間。建議事前的商討儘量完備。此外，連服務或賠償內容也要確認清楚。

搬家法・之2
自助搬家

自助搬家時的注意事項

能自己搬就能省下不少錢，但一口氣搬運行李需要小貨車或小型卡車等車輛。而且，搬出、搬入也需要朋友等的協助，因此必須考慮租車費、朋友謝禮的費用。

租車時先估價

搬家時如果要利用租車，最好事前跑一趟租車公司，說明行李量等，請代為估價。然後預定適合自己搬家的車種。此外，新居地如果遠，也要確認附近有無租車公司的分公司，以方便還車。

原本就以租屋過單身生活的人搬家的情形

解約時的檢查要點
1 何時之前預先告知退租
2 預先告知退租後的房租如何計算?
3 有關押金

勿忘預先告知退租

訂下新居後，就會興沖沖的準備搬家，但對現在的租屋是否辦理解約手續？如果是在簽約期間尚未到期前退租，就必須預先告知退租。

在契約書應有記載「退租須在1個月前預告通知」。依情況不同而定，有時會要求在3個月前預先告知。如果忘記預告退租，就會導致必須支付「雙倍房租」的悲劇。

留意雙倍房租

舉例來說，找到新居後，立即簽約，同時預告退租，但如果現在居住的房子規定必須在3個月前預告退租，那麼從這天起即使未居住，仍要支付3個月份的房租。而新訂的房子也要從簽約日當天起產生房租，如此一來就要支付兩邊的房租。

考慮換租的人，必須重新翻閱現在居住房子的契約書內容，確認預告退租時期及其規定再來找新居。但2週左右的雙倍房租則在合理範圍內。

押金能多要就多要

退租時的關鍵字當然是「恢復原狀」。必須以租借當時的狀態歸還房子。有關恢復原狀的基本認識，請參照12頁的內容，但有些細部是例外，非常複雜。總之，在交還房子之前，徹底清掃，儘量保持原有的清潔。交還房子時，在屋主的會同下，確認承租人應負擔什麼，並確實取回押金。

●Lesson 03

思考搬家的效率

裝箱・打包

思考搬家後的問題 聰明有效率的裝箱

如果裝箱時什麼都不考慮，就會搞不清楚什麼物品裝在何處，拆箱整理時就很辛苦。因此裝箱時應有效率的分類。

準備的用具	
瓦楞紙箱	瓦楞紙箱以水果箱尺寸為基準。
舊報紙	最適合包易碎品，填滿瓦楞紙箱的空隙。至少準備1個月份。
塑膠袋	準備大・中・小3種。大是用來當垃圾袋，中是裝行李，小是裝五金零件等。
工具類	準備用來裝卸組合家具的螺絲起子等全套工具。
筆記用具	書寫箱子內容物時需要用到。
膠帶・繩子	用來封箱、綑綁雜誌，各準備1樣。

學會裝箱的祕訣

祕訣1 瓦楞紙箱的選法

裝餐具或書籍類、廚房用品的箱子，以水果箱為基準。雖然一般容易認為大箱子比較方便，但卻不易搬運、區分，有時會降低搬家作業的效率。如果準備同形的瓦楞紙箱就容易堆疊，會使作業順利進行。

祕訣2 從不常用的物品開始打包

過季的衣物、書籍或雜誌類等不立即使用的物品，或者沒有也不會不便的物品，因此從不立即使用的物品開始裝箱。

祕訣3 重物裝小箱 輕物裝大箱

書籍或餐具等物品集中裝在一起會很重，因此建議分開裝入小箱。此外，打包餐具類等易碎品時，在箱底鋪厚舊報紙，從重物開始裝箱。衣物類較輕，因此可集中裝入大箱。

祕訣4 清楚標示內容物

在箱子外側清楚標示內容物的名稱及「小心易碎品！」等注意的字樣。考慮到堆疊瓦楞紙箱的問題，寫在側面較為方便。此外，瓦楞紙箱如果依照裝箱的順序來編號，搬家後從大的數字開箱，就能先整理那些搬家前還在使用的物品。

祕訣5 貴重物品小心保管

現金或存摺、印鑑、鑰匙、重要文件、飾品等貴重物品，集中起來，裝入自己的手提包來搬運。

祕訣6 以「重物在下、輕物在上」為鐵則

以重物在下、輕物在上為鐵則。收錄音機、電子微波爐等重物，用毛毯包裹先裝入，就容易取出。最後裝入輕物，把小東西類塞入空隙，這樣行李就會固定而不晃動。

祕訣7 在新居立即用到的物品集中裝箱

為不造成新居生活上的困擾，清掃用具或垃圾袋、衛生紙、起子等，在新生活立即用到的物品，集中裝箱是祕訣。紙杯或紙盤、延長電線等集中放置就方便。

此外，搬家當天與翌日用到的洗臉用具、內衣褲、換洗衣物等，建議集中裝入旅行箱內。

祕訣8 處理家電・家具的注意事項

●電視・電腦・音響

如果購買時的包裝箱還在，加以利用最好。卸下配線時，先在接連本體插孔的電線註明號碼，這樣重新裝置時就不會搞錯而造成困擾。此外，遙控器等物品容易遺失，因此最好也放在一起。

●冰箱

在搬家的前一天把冰箱的內容物處理完畢，切斷電源以除霜。如果不這麼做，搬運中可能會出水而導致故障，或弄髒其他行李。搬入後，經過1小時以上再接上電源。

●石油暖爐

內部如果還殘留燈油就可能會造成事故，因此必須燒光燈油（儘量在戶外）不要殘留。

●組合家具・抽屜推車

組合家具的零件集中裝袋。抽屜則要固定，以免在搬運中掉落。

在打包上多下點工夫
搬出・搬入時就不會造成困擾

打包作業如果馬虎，抵達新居打開行李時，餐具或家電可能都已摔壞……。此外，如果裝箱不夠高明而導致行李增加，會造成搬出、搬入時的辛苦。請牢記打包的做法，以免後悔莫及。

易碎品

餐具

在包裝上多下點工夫

●碗・盤●

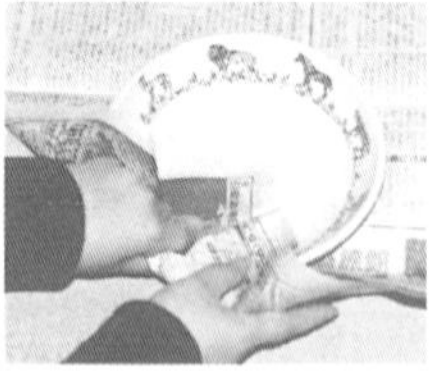

用雙層舊報紙，沿著餐具的形狀包裹。

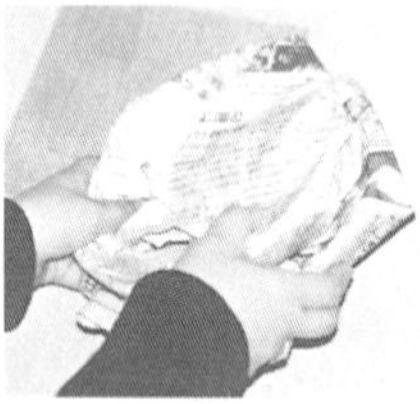

重疊同形的餐具來裝箱。

如果擔心被舊報紙的油墨弄髒，就先裝入大信封，再用舊報紙包裹。

●刀叉湯匙●

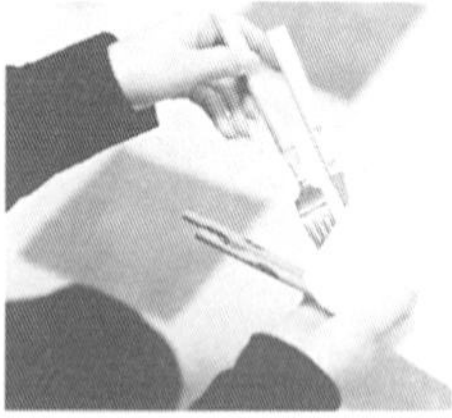

刀叉湯匙或筷子等，集中裝入信封。

●玻璃杯●

玻璃杯等用空氣塑膠紙或舊報紙來包裹。

裝箱後，把紙塞入空隙就不會晃動。

碟子豎立、杯・碗倒扣來裝箱

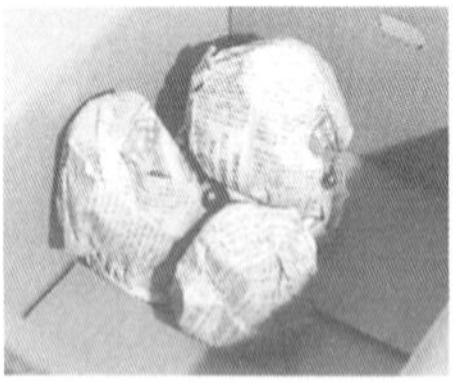

包裝好後，把碟子豎立，杯・碗類倒扣來裝箱，就不會浪費空間。

CD

填滿空隙來固定

ＣＤ或ＣＤ盒整齊裝箱，把舊報紙塞入空隙來固定，就不會導致破裂。

照明器具

用打包材料覆蓋燈泡

燈泡用空氣塑膠紙等來覆蓋，再裝入瓦楞紙箱，外側面必須標示「小心易碎品！」。

其他用紙或打包材料來打包的物品

●刀具・工具

尖銳的金屬類，直接裝箱會弄傷其他物品，因此必須先用舊報紙包裹。

●電腦・周邊器材

用毛毯包裹，轉盤儘量卸下。如果不卸下就塞紙來固定。

●電子鍋

如電子鍋般圓弧形的家電容易碰壞，因此先用毛巾包裹。

書籍雜誌

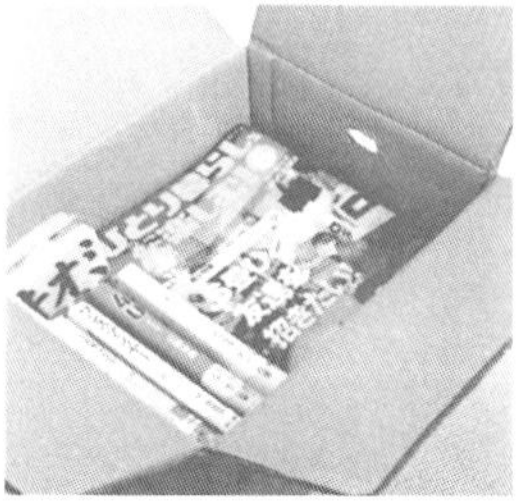

如果要裝箱就裝入小箱

數量多就很重，因此建議裝入小箱。或者與輕物組合來裝箱。

用繩子細綁就能減少垃圾

使用太多瓦楞紙箱，搬家後的處分很麻煩。如果用繩子細綁就能減少垃圾。

衣物

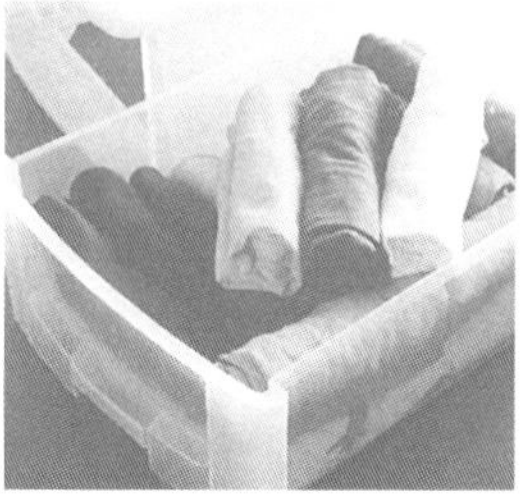

不易皺的衣物捲起

T恤或針織類等不易皺的衣物，捲起來裝箱。

厚重衣物交互重疊

夾克或毛衣等厚重衣物，摺疊後交互重疊是裝箱時能多裝的祕訣。

掛在衣架上的衣服直接裝箱

掛在衣架上的外套等，直接裝箱即可。這樣不易起皺，作業也輕鬆。

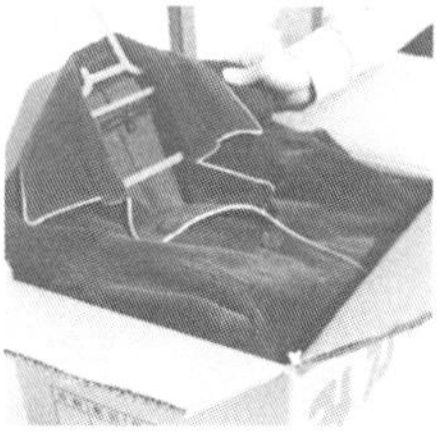

依種類別來聰明整理

零碎物品即使要裝箱，也必須先裝盒來分類。並在箱子外側貼紙來標示內容物。

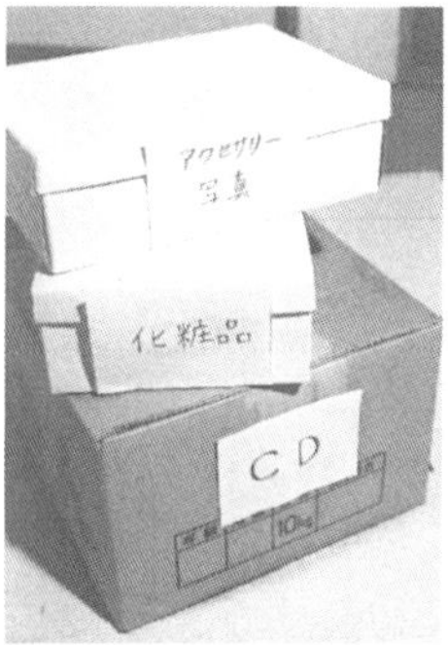

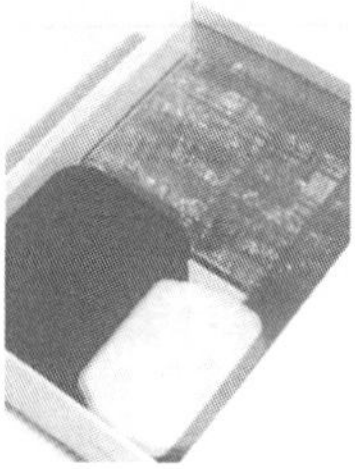

零碎物品

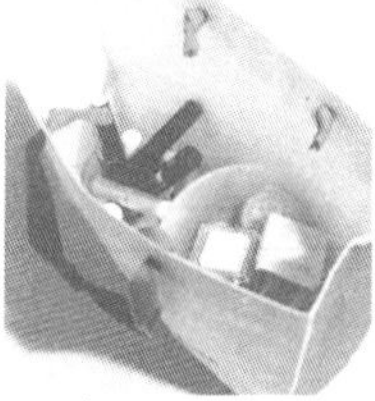

裝入小袋或小盒

化妝品等物品集中裝入塑膠製的容器裡，再裝袋。

歸檔

照片作歸檔，就不必擔心遺失。

●Lesson 04

開始舒適過生活！

確認搬家前後的手續

搬家前後的時間表

2～1週前

□電話的移機・新裝

〈電話的移機〉打電話到電信局，告知現在地址、新居地址、現在的電話號碼、希望施工日。

〈電話的新裝〉施工是預約制，自1個月前受理。向電信局提出地址的證明文件。

□遷戶籍（視需要而定）

在鄉鎮市公所辦理「遷戶籍」。此時領取遷出證明書。遷戶籍是在搬家預定日的14天前受理。在辦理遷入時要一併提出遷出證明書，因此必須善加保管。不過，某些房東不一定接受房客遷戶籍，請詢問過後再決定。

□各種變更申請

多加利用郵局提供的「搬家通報郵局、帳單稅單跟著搬」服務。信件轉寄服務兩個月。

□丟棄大型垃圾

原本就以租屋過單身生活的人，如果想把家當丟棄，就要連絡地區的回收中心，預約收集。連絡後，有時需要1週以上的時間才會回收，因此請趁早申請。

※應開始裝箱了！

1～3天前

□連絡瓦斯公司

連絡各瓦斯公司開始供應新住所的日期。原本就以租屋過單身生活的人，也要告知停止供應舊住所的日期。開始供應時必須會同，因此要事先預約。

□連絡自來水・電力公司

原本就以租屋過單身生活的人，向舊住所的營業處辦理結清水電費，向新住所的營業處郵寄開始申請書。

□連絡送報處・有線電視業者（原本就以租屋過單身生活的人）

有訂報的人，辦理停送手續與結清報費。此外，連絡有線電視業者，告知停用。

□銀行帳單

若有信用卡帳務，須留意變更帳單的寄送地址，否則若延誤繳款時，可就得支付滯納金，不可不慎。

※在1～3天前完成某種程度的裝箱。前一天打掃新居，原本就以租屋過單身生活的人，在退租前務必要大掃除。

當天

出發前（原本就以租屋過單身生活的人）

□關閉自來水的總開關

□切斷電源

□檢查有無遺忘的物品

抵達後

□打開總電源及門窗，讓空氣流通

□向近鄰打招呼

如果是公寓或大樓，就向隔壁兩戶與上下樓住戶、管理員或屋主打招呼。致贈小禮品（約＄150～300價值的禮品即可）才有禮貌。但依地區而異，因此最好事先調查。

禮品的行情

對象	行情	物品
隔壁兩戶 上下樓	＄150～ ＄300	小點心、手帕、毛巾、肥皂等

搬家後

□辦理遷入申報（有遷入戶籍者適用）

在搬家後14天以內，攜帶印鑑，向新住所的鄉鎮市公所辦理遷入申報。此時，勿忘攜帶搬家前辦妥的遷出證明書。

□變更各種地址

向銀行、保險公司、其他供應商等辦理變更地址手續。

□寄送遷居通知

通知親友等新居的地址。

□各種申請

如果要訂報，就連絡該區的送報處。如果要安裝有線電視，就連絡業者申請。

遇到這種情形該如何？

剛搬家後的問題Q＆A

Q只有自己家裡停電!?

突然停電！但看來似乎只有自己家裡……。此時，先確認總開關是否跳電。切斷使用中電氣品的開關，扳上總開關，應該就能恢復供電。如果經常發生這種情形，就要檢查簽約時的安培數。

Q搬家後的大型垃圾該如何處理？

瓦楞紙箱、發泡苯乙烯類，不能當作可燃性垃圾丟棄。搬家完畢後，首先打聽該地區的垃圾收集日或分類系統，以及回收資源垃圾、不可燃性垃圾的日子。

Q住家鑰匙忘記放在哪裡！

不習慣隨身攜帶鑰匙，就容易忘記放在哪裡。如果是白天，可請屋主或管理員幫忙開門，夜晚只好找專門業者開鎖。此外，可參考178頁的「不弄丟鑰匙的須知」。

●Lesson 05

為能舒適過生活

決定家具‧家電的配置

家具配置的要點

深度決定在一面

靠牆放置的家具，集中排放在一面牆，就有使室內顯得寬敞的效果。把家具放置成一字型或L字型，避免形成凹凸，中央留下空間是祕訣。此外，使深度整齊要比家具的高度整齊更有效果。從房屋平面圖來檢查隔壁住戶的隔間，把書架或衣櫥等放置在鄰接的那面牆，就能隔音。

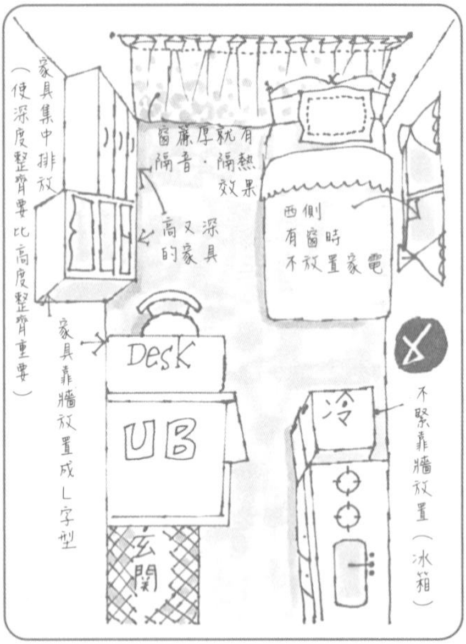

注意薄牆、北側的牆

牆壁如果很薄，就要設法隔音，可在DIY商店購買石膏板靠牆豎立。此外，北側容易累積濕氣，因此家具不要緊靠牆壁放置以利通風。

家電配置的要點

不要在西曬的場所放置家電

太陽西下會照射到的房子，如果在西曬的範圍放置家電，家電就會過熱而成為故障的原因。此外，冰箱如果放置在瓦斯爐附近，或緊靠牆放置，就容易耗電，為了節約能源必須留意這些事項。

確認插座的位置 聰明配置家電

配置洗衣機時要注意漏電、漏水。插座位置如果在下方，就要注意沾到水，做好保護對策。如果排水口在洗衣機的下方，就需要「正下方排水L型水管」。此外，配置電視或音響時，也要考慮房間的插座位置。

希望牢記

搬家的5大祕訣

1. 搬家前先仔細實地參觀新居
2. 考慮金錢‧時間‧勞力來決定搬家的方法
3. 高明分類來打包行李
4. 勿忘辦理搬家前後的各種手續
5. 聰明配置家電或家具才能舒適展開新生活

單身生活指南 解決疑問Q&A

part 2

有無提高效率的掃除法？

如果必須經常掃除，就需要學會偷懶的方法。以下傳授前輩們的秘密技巧。

Q01 不擅長掃除，不知有無偷懶的方法？

A01 偷懶的掃除用品就是魔布。櫃子只要用這種布擦一擦，就省事不少。沙發也可使用。弄髒清洗即可，簡單又好用。

A02 如果覺得清理流理台很麻煩，使用「抽風機膜」就方便。噴上待凝固之後，就變成一層透明的薄膜，能防止污垢。此外，一弄髒就撕去，再噴上即可，不需要擦拭。

A03 上大號時在馬桶內鋪衛生紙是我的做法，糞便拉在衛生紙上，就能沖得乾淨，不會弄髒馬桶，省掉刷洗。但會浪費衛生紙是缺點。

Q02 因認為「掃除=麻煩」而想逃離！

A 之所以認為掃除麻煩，是以為「很花時間」，但其實數分鐘就能做完。把握掃除所需的時間，就能了解只要利用空閒時間就能搞定，而不再感到麻煩。

在15分鐘內能做完的家事清單

清洗3餐份的餐	7分鐘
清洗爐具或鍋	4分鐘
擦拭爐具	30秒
摺疊衣物	3分鐘
整理床鋪	1分鐘
收拾散落一地的物品	2分鐘
用「自黏式滾筒」來清除地板的垃圾	3分鐘
用「除塵紙拖把」來清除地板的灰塵	3分鐘
收拾桌上	3分鐘
整理抽屜	6分鐘
清理垃圾	1分鐘

希望牢記小東西的保養法！

小東西類多半高價，因此牢記保養法就能長久使用。

Q03 馬靴的發霉如何處理？

A 因吸收腳汗等不少水分，故在保管前需要仔細乾燥。用濕布把發霉完全擦去，連鞋內也要曬乾。最後塗抹皮革用保養乳。如果鞋櫃放在濕氣多的場所，就裝入塑膠袋等密閉，連同乾燥劑一起保管。

Q04 髒提包的保養法

A 先清除提包內所有的灰塵。如果是皮包，就用布沾上皮革專用保養乳來擦拭。如果是棉製或尼龍製提包，就用稀釋的衣物用中性洗衣精來擦拭全體，最後濕擦，乾燥即可。

Q05 皮衣的污漬如何處理？

A 基本上一弄髒就立即擦拭乾淨。尤其如果淋到雨不立即處理，就會成為污漬的原因。此外，使用清潔液時必須弄清楚皮革的種類再購買。

Q06 毛皮弄髒該如何處理？

A 弄髒後，用專用橡皮擦或砂紙來去除。然後用刷子把周圍刷平整，才不會導致色澤不均勻。

Q07 布娃娃能不能清洗？

A 裡面的填充物如果硬，不完全乾燥就可能發霉。用稀釋的洗衣精擦拭。如果可整個清洗，就裝入洗衣網袋，丟入洗衣機來洗，最後加入衣物柔軟劑就能洗得蓬鬆。

希望矯正營養偏頗

營養的偏頗是直接關乎健康的問題。在此為你解答疑問。

Q08 喝市面出售的蔬果汁等於吃蔬菜嗎？

A 市面出售的果菜汁是混合番茄、紅蘿蔔、芹菜等蔬菜製成，能攝取多種蔬菜是優點。不過維生素C或食物纖維的含量少，這點不如蔬菜。

Q09 營養補充劑能彌補營養嗎？

A 從食物很難攝取的營養素，可從營養補充劑簡單攝取。但如果過剩攝取就可能造成問題。營養基本上從食物攝取，營養補充劑只不過是「補助」的角色。

Q10 喝營養飲料真能讓人湧出活力嗎？

A 飲料中所含的成分，維生素類有助糖質與蛋白質的代謝，咖啡因或酒精有使神經興奮的作用，因此在剛飲用後會感到有活力。

Q11 聽說糙米很營養，是真的嗎？

A 糙米所含的鈣、鎂、鐵等礦物質類與維生素B_1等維生素類、食物纖維比精白米豐富。如果吃糙米感覺難以下嚥，可混合白米煮來吃。

Q12 便利超商的便當營養是否偏頗？

A 以1天攝取30種食品為基準，選擇使用各種食材的便當為要點。不要選擇蓋飯等單品，選擇副菜有蔬菜的便當較好。飯糰最好選擇加入炒蔬菜或生菜。

第二章

The basics of housework

連新手都不成問題！
家事的基本手冊

「辛辛苦苦煮好飯卻不好吃…」
「不擅長打掃，以致房間凌亂不堪…」
「洗衣馬馬虎虎，結果洗壞襯衫…」，
為了防範家事新手容易導致失敗於未然，
在此徹底學會基本！

CONTENTS

02:01

簡單！好吃！

親自下廚度過健康的飲食生活！

Healthy table through your own cooking ●●

如果因不習慣親自下廚，而僅依賴便利商店食品等外食，
不僅花錢，對健康也無益！
因此以下開講有關烹調的基本講座。
從蔬菜的切法與事先準備到冷凍保存法等，
只要把握這些要點，棘手的親自下廚就能變得更輕鬆愉快！

●Part 01

為能健康的生活

營養的基礎知識

何謂一天所需的「3色營養素」

許多人雖了解只吃外食不健康，但卻不太清楚有關營養，在此值得推薦的是所謂「3色營養素」。就是用紅、黃、綠3色來表示身體所需的營養素，淺顯易懂的食品分類法。1天吃30種食品最為理想，但單身生活卻很難辦到。為了均衡攝取各種食品，即使沒辦法每天這麼做，仍要儘量以1週為單位來檢查有無顧及這3色。

紅　變成血或肉！
肉・魚・豆等

• 1天的基準量
這一群的營養素是蛋白質。魚貝或肉類100g、豆腐或納豆等60g、牛乳・優格等250cc、蛋1個(50g)，以此為目標。

• 如果不足
這是對形成骨或血、肌肉、內臟膜等等身體架構發生作用的營養素，如果不足，骨骼會變脆弱或不長肌肉，容易導致貧血。

黃　變成能量！
米・麵包・芋類等

• 1天的基準量
營養素是碳水化合物與脂質。米飯或麵包、麵原料的穀類180g、芋類100g、砂糖20g、牛油或沙拉油等油脂20g，以此為目標。

• 如果不足
這是對活動身體或保持體溫發生作用的營養素。就如肚子餓會沒力氣或發冷一樣，如果不足，氣力、體力都會衰退。

綠　調整身體的狀況！
蔬菜、海草、水果等

• 1天的基準量
這一群的主要營養素是A與C等維生素類，鈣與碘等礦物質類。蔬菜300g、海草類・蕈菇類20g、水果200g，以此為目標。

• 如果不足
因有調節身體各部功能、保護皮膚與黏膜的作用，如果不足，自律神經就會失衡，而容易罹患感冒，成為皮膚粗糙的原因。

●Part 02

在烹調前先學習！

烹調的基礎知識

基礎1 加調味料的順序

砂糖

不僅添加甜味，也能使材料變得鬆軟，使後面加入的調味料容易入味。

鹽

有排出水分的作用。醃漬物等就是利用這種作用製成。此外，也能使蛋白質凝固，有鎖住美味的作用。

醋

防止蛋白質凝固，有緩和鹹味的作用。但醋的酸味不耐熱，因此要注意火候。

醬油

烹調時考慮活用美味與香味為首要。基本上先加砂糖變得容易入味之後，再加入醬油。

味噌

香味與濃郁不耐熱，因此最後再加入。加入之後，一煮沸就熄火是留住美味的祕訣。

基礎2 烹調用語

少許 鹽或砂糖等，用拇指與食指，2隻指尖輕抓的量。	**1撮** 鹽或砂糖等，用拇指與食指、中指，3隻指尖輕抓。
煮沸 就是煮沸，表面起波紋、底部冒泡的狀態。僅冒小泡不算是煮沸。	**淨重** 魚就是去頭與內臟，蔬菜則是去皮去籽等，可食部分的重量。
散熱 把煮熟的食品冷卻到不冒熱氣。適合用在避免一直熱而變形的情形。	**小滾** 表面起波紋、冒泡程度的煮沸狀態。或者一煮沸就熄火。

基礎3 薑、酒的烹調作用

新薑，皮薄肉嫩，味淡；黃薑，香辣氣味由淡轉濃，肉質由鬆軟變結實，是薑中上品；老薑，俗稱薑母，皮厚肉堅，味道辛辣，但香氣不如黃薑。一般來說，生薑在烹調中用途很大，很有講究，但不一定任何菜都要用薑來調味。

酒能去腥起香，但是要讓酒得以發揮，就要注意「用酒時間」應該是在整個燒菜過程中鍋內溫度最高的時候。比如炒肉絲，酒應當在剛炒完畢的時候放。但用酒不能多，否則就揮發不盡。

基礎4 計量的基本

粉　末

1大匙強
稍微隆起的狀態。

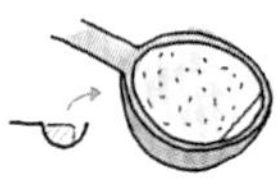

1大匙弱
刮平後，從匙尖挖出少許的狀態。

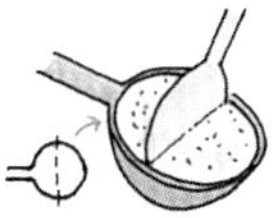

1/2大匙
用匙柄分一半，挖出多餘的半量。

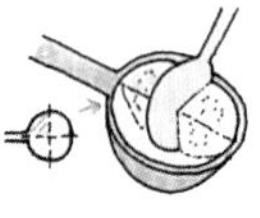

1/4大匙
用匙柄再把1/2大匙分成一半，挖出多餘的量。

液　體

1大匙
1小匙
並非因表面張力而隆起，而是平坦的狀態。

1/2大匙
1/2小匙
湯匙深度的2/3為基準。

●Part 03

分辨新鮮的材料

食材的選法

選擇食材，不僅影響菜餚的風味，也與餐費有關，因此非常重要。如果不了解如何分辨，在店頭看似新鮮的食材，買回家後可能一下子就腐敗。分辨的方法依食材而異，如購買肉類時，必須從陳列櫃取出來看清楚。因為商家通常會在櫃中裝置特殊燈具，讓食材看起來新鮮。只要牢記以下介紹的要點，就能烹調出美味的菜餚。

魚

整尾

檢查眼睛是否清澈。其次確認身體是否僵硬有光澤，魚鰓是否鮮紅色，帶有魚鱗。

魚片

檢查有無出水或變色，切口是否整齊。帶霜的可能是再冷凍，請注意。

附帶 小知識

注意鮮度降低的魚！

魚油所含的脂肪酸之一ＤＨＡ與ＥＰＡ容易氧化，具有容易變成過氧化脂肪的性質。這種過氧化脂肪被認為可能是致癌原因的成分。青魚必須趁新鮮吃，注意鮮度降低的魚乾。牢記正確的分辨法，挑選新鮮的魚。

肉

牛肉

從色澤很難分辨，因此挑選一眼看來新鮮的。此時勿忘從櫃中取出仔細檢查。

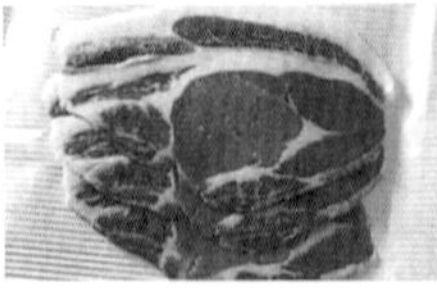

豬肉

肥肉部分是否雪白漂亮，瘦肉部分是否發黑。出水、變色都不要買。

雞肉

避免脂肪多、皮厚的。此外，皮朝上放置出售的雞肉，可能肉的部分少，請注意。

蔬菜

白蘿蔔

挑選感覺沉重、有彈力的。如果連接莖的部分發黏，長出鬚根就不要買。

紅蘿蔔

挑選連根尖都渾圓，沉重，表面有彈性的新鮮紅蘿蔔。避免外皮起皺的。

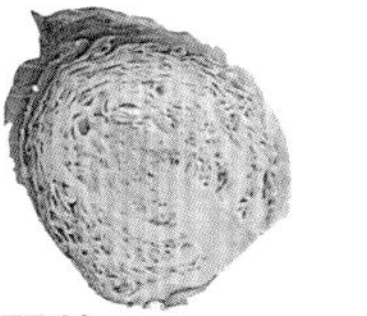

高麗菜

選擇拿在手上有重量感的，外側葉片呈鮮綠色，切口未變色的。

萵苣

葉的捲法或全體形狀是否美觀，外葉是否乾枯，切口是否變色，都是檢查的要點。

茄子

皮光滑，蒂的刺很尖。蒂的切口變成褐色表示鮮度降低。

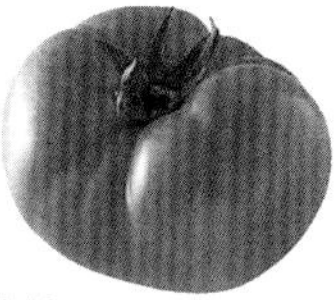

番茄

沉重，表面光滑。蒂也很重要，如果硬直豎起，呈深綠色就表示合格。注意表面的傷口。

小黃瓜

刺尖銳有光澤，帶有薄薄的白粉表示新鮮。裝入塑膠袋出售的就不易分辨好壞，因此選擇零賣的。

菠菜

豎立起來看看，如果挺直就表示新鮮。反之，莖的部分腐爛就表示放太久，請注意。

附帶小知識

冷凍蔬菜與新鮮蔬菜的營養價值是否相同？

冷凍蔬菜的營養價值，基本上與新鮮蔬菜相同。此外，冷凍蔬菜的維生素C不減，而新鮮蔬菜如果鮮度降低就會劇減，這是缺點。依狀況，冷凍蔬菜反而較為有利。

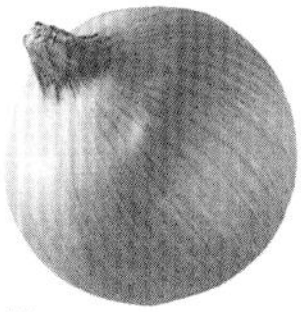

洋蔥

在天候不佳時成長的洋蔥，果實下方會多長出1片褐色的皮。因此建議在信譽良好的商店購買。

馬鈴薯

選擇全體呈均勻的褐色，有彈性、沉重的。避免購買表面起皺、長芽的。

Part 04

一人份米飯的基本！

美味米飯的煮法

美味米飯的要點！

煮出鬆軟的米飯可說是單身生活的小小幸福。要點在於洗米法與吸水時間。只要牢記美味米飯的煮法，即使沒有任何配菜也能讓人吃得過癮。

point
1 米的洗法
2 吸水時間
3 充分燜

❶用足夠的水來清洗

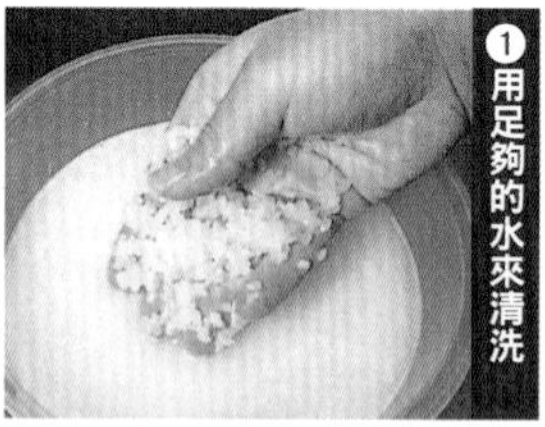

❶為去除表面的米糠，在稍大的盆放入份量的米，加入足夠的水，邊淘邊洗。

❷換水再洗

❷倒掉水再加水，迅速攪拌混合後，慢慢倒掉水。倒水時用手擋住，米就不會漏出。

❸邊搓邊洗

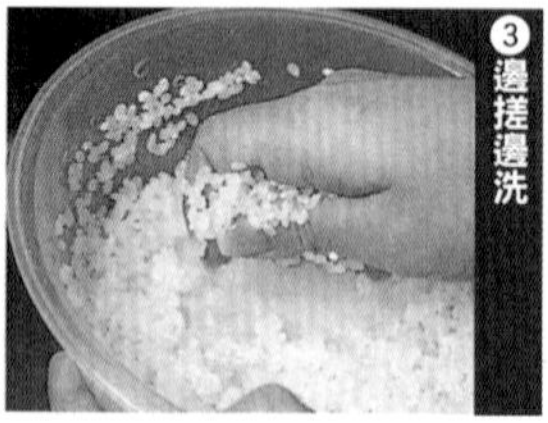

❸輕輕抓住米，邊搓邊洗。此外，用手撈起，用手掌邊壓邊洗。

❹洗到水變成透明

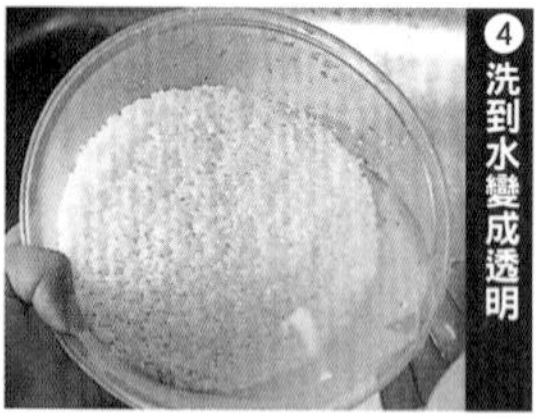

❹用足夠的水洗2～3次的作業，白濁就消失。水變清澈後，就倒入篩網瀝乾水。

❺充分吸水

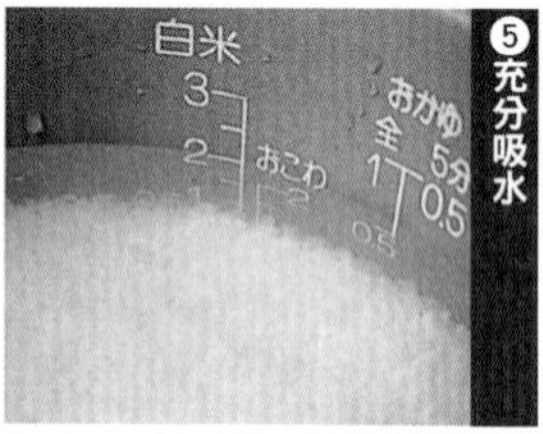

❺把❹倒入電子鍋的內鍋，倒入份量的水。浸泡30分鐘使米充分吸水，如此就會煮得鬆軟。

❻煮成鬆軟

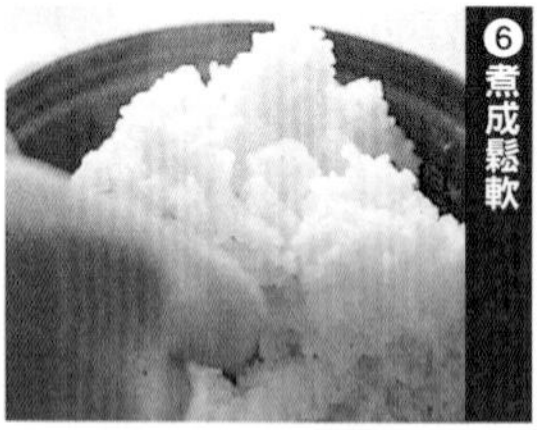

❻煮好後，燜10分鐘左右。用沾水的飯杓從底部翻攪，讓多餘的水分飛散。

向前輩請益 **使用電子鍋煮飯食譜**

鮭魚鮭魚卵親子丼

❶米0.3升，加酒・醬油各1/3杯，並斟酌米量加水，放入海帶與新鮮鮭魚來煮。❷煮好後鋪上鮭魚卵與紫蘇就完成。

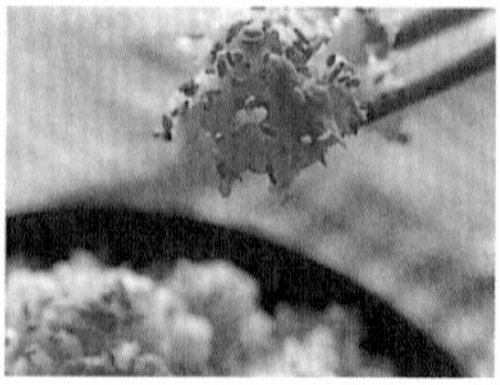

鮪魚飯

❶米0.3升，和普通一樣斟酌加水。❷加入瀝乾油的鮪魚罐頭1罐、醬油5大匙。❸全體混合後按下開關來煮！

●Part05

蔬菜豐富！

美味味噌湯的做法

美味味噌湯的要點！

要點在於熬高湯的方法、加味噌的時機。利用蔬菜增添甜味也很重要。以下介紹的味噌湯含有豐富味噌的植物性蛋白質、裙帶菜的礦物質等重要的營養素！

point
1 熬高湯的方法
2 加味噌的時機
3 加裙帶菜的時機

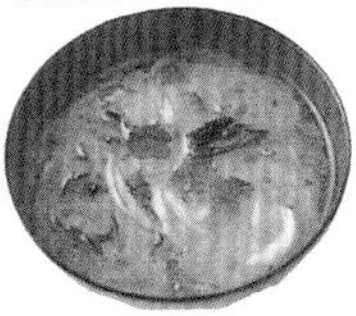

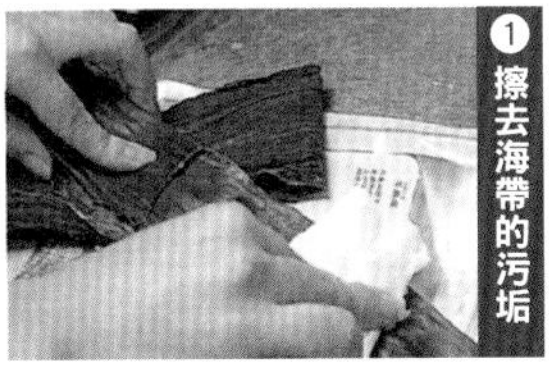

❶用打濕擰乾的濕布巾或濕廚房紙巾，迅速擦去海帶表面的污垢。

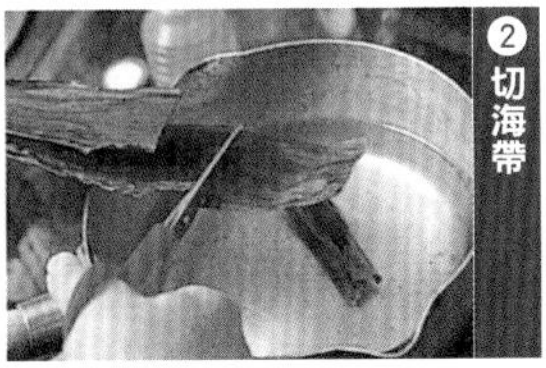

❷把擦去污垢的海帶切成約5ｃｍ長2片。剩餘的海帶裝回袋中，封緊袋口來保存。

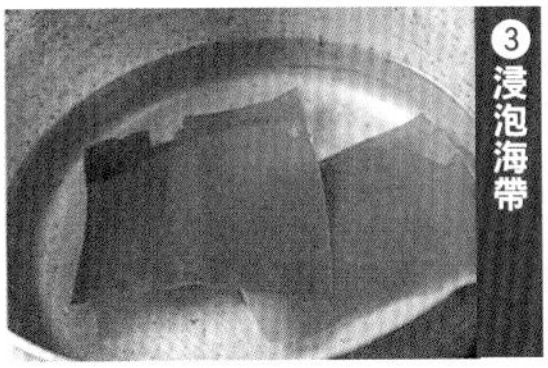

❸鍋內加3杯水與海帶片，浸泡約20分鐘。這樣海帶的美味就會滲出。

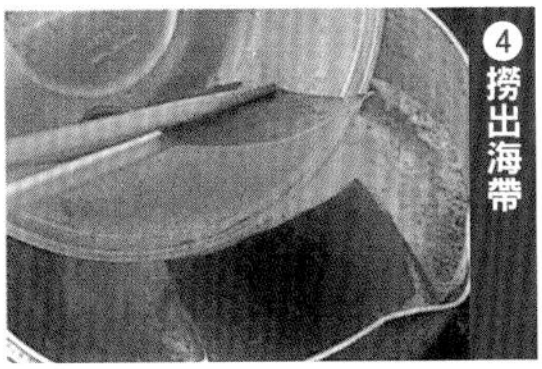

❹開火，煮到快要沸騰前撈出海帶。如果海帶一直留在鍋內就會滲出黏液，請注意。

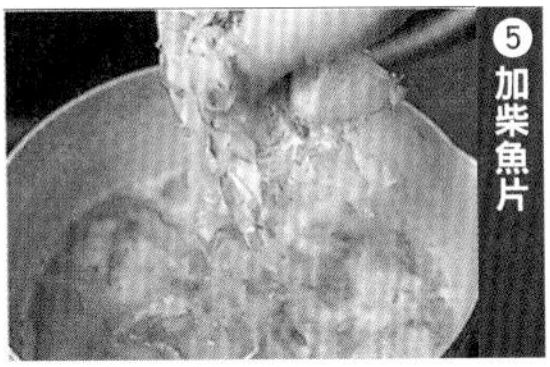

❺煮沸後，加1撮柴魚片，煮沸1~2分鐘。不要煮過頭，否則香味就流失。

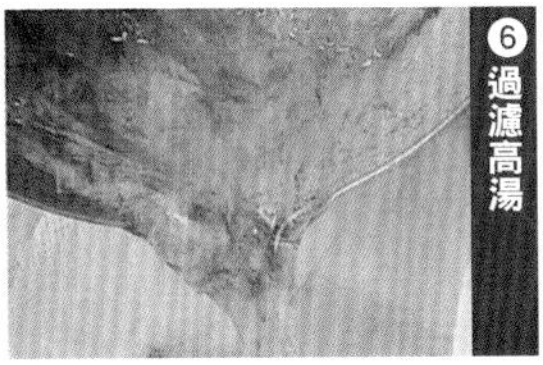

❻熄火，用鋪廚房紙巾的濾網過濾。可一次做好多量，倒入製冰盒冷凍備用就方便。

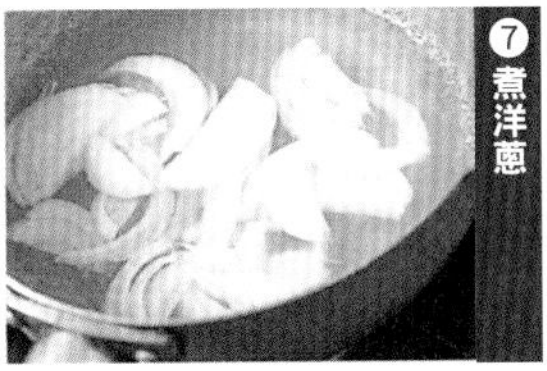

❼把1/6個洋蔥切片。在鍋加入1杯高湯開火，再加洋蔥快煮。

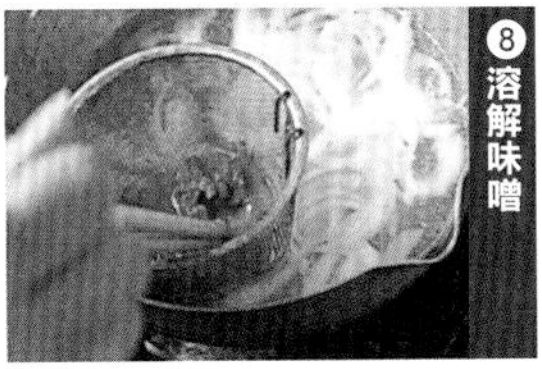

❽取1大匙味噌，放在濾網中，利用鍋內的高湯用筷子攪拌使其溶解。此時注意不要煮沸。

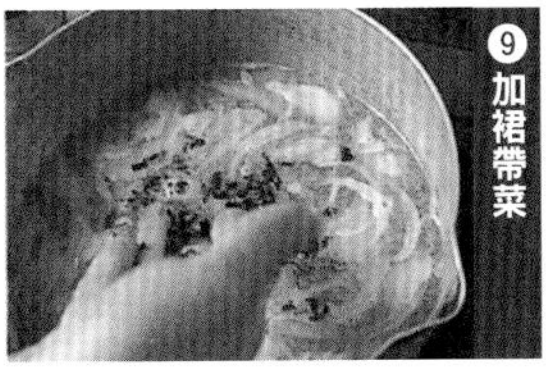

❾最後加入乾燥裙帶菜3g，一煮沸就熄火。如果要加蔥末，最後灑入即可。

●Part 06

味道與外觀的絕招

食材的事先準備

蔬菜的切法

刀的基本拿法

如包住刀柄般握住，食指放在刀刃的背。另一手如貓爪般輕輕彎起手指。

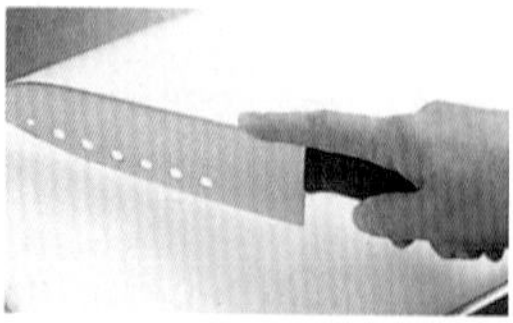

●切長條

先把材料切成大的長方體後，切成長方形薄片。適合用來炒或炒煮。

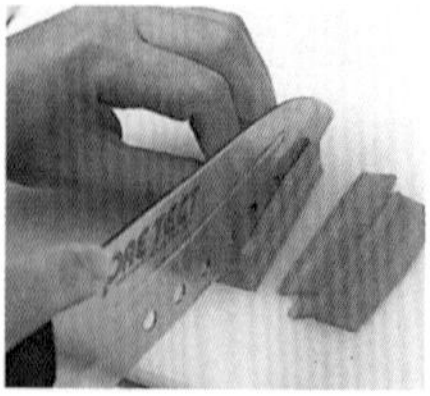

●切圓片

把材料橫放，切成一定的厚度。適合切白蘿蔔或小黃瓜等細長的蔬菜。

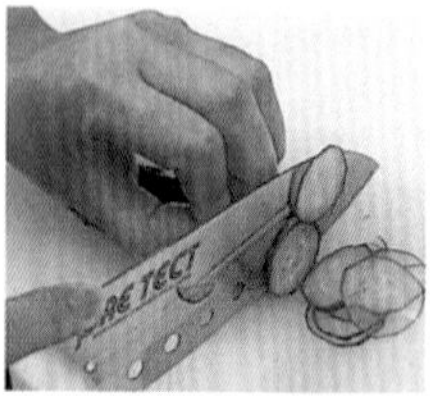

●切絲

沿著材料的纖維，縱切成細長條。咬勁十足，適合涼拌菜。

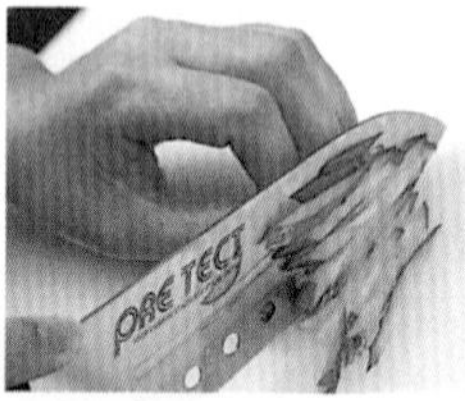

●切不規則狀

形狀不定的切法。把細長材料斜切後，再邊向面前滾動邊斜切。

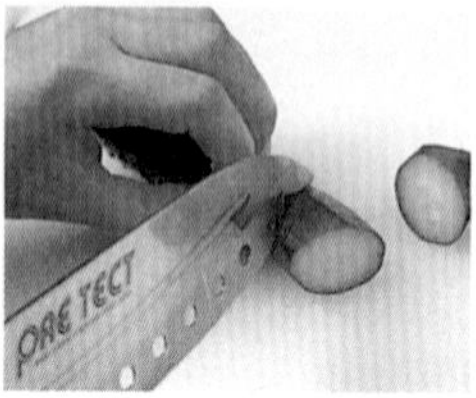

●切碎（切末）

切成細末。如果是洋蔥，依下列的順序來切。❶先縱切一半後，橫向劃入數條刀痕。❷以殘留芯的狀態，豎起刀縱向切入細刀痕。❸用手壓緊芯的部分，從邊緣開始切成細末。

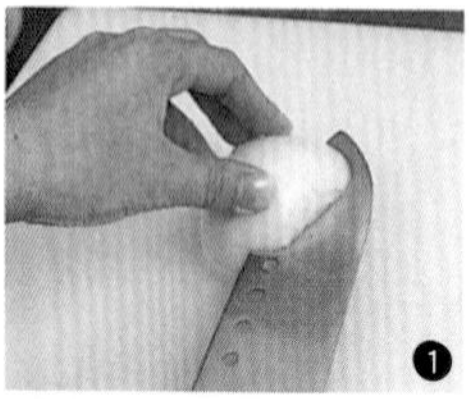

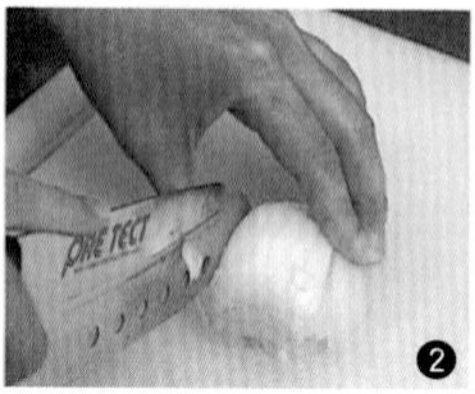

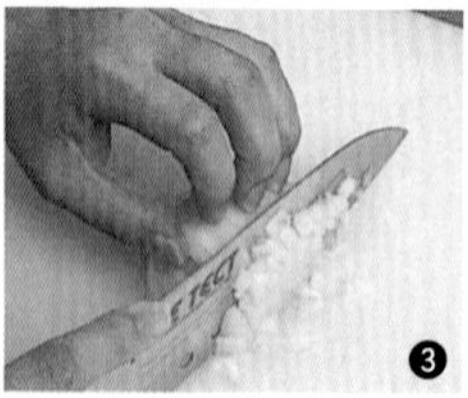

事先準備的基本要件

蔬菜

根莖類蔬菜是以冷水開始煮
葉菜類是用熱水川燙

馬鈴薯等在土中生長的根莖類蔬菜，放在鍋中加入淹過的水量，以冷水開始煮為鐵則。菠菜等葉菜類，是從根部放入沸騰的熱水中來川燙，撈出泡冰水。青花菜等也是用沸騰的熱水川燙，燙煮後放在濾網瀝乾水分即可。

蔬菜的事先準備有3種

冰水

高麗菜切絲後，泡冰水就會變脆。茄子或芋類也泡冰水來去澀味。

鹽水

小黃瓜用4杯水加1小匙鹽的鹽水來浸泡，就能去除青臭味。

醋水

蓮藕或牛蒡泡稍酸的醋水來去澀味。切好就馬上泡醋水。

肉

豬肉・牛肉去筋 雞肉用叉子戳洞

豬或牛里肌肉的瘦肉與肥肉之間的筋，加熱後會縮而導致肉翻捲。因此事先用刀切入刀痕。雞肉在烹調前用叉子或竹籤在表面戳洞，如此就能防止燒烤後皮縮，又容易熟透、入味。

魚

灑鹽去腥味

整面灑鹽，放置15～20分鐘後，表面會流出水分。這種多餘的水分能去腥味。

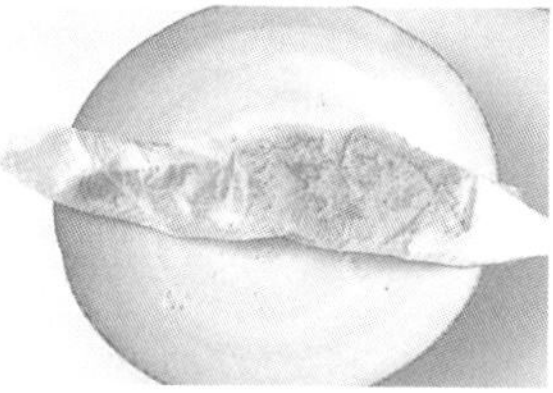

魚連同水分一起去腥味後，用廚房紙巾把兩面的水分擦乾。

用電子微波爐進行事先準備

先檢查正確加熱的要點

Point 1 500W微波爐的加熱時間是600W微波爐的1.2倍

最大的訣竅在於加熱時間。加熱所花費的時間依微波爐的瓦數（w）而定。家庭用的微波爐多半是500W與600W，前者所需的加熱時間是後者的1.2倍。只要牢記這個比率，就能算出適切的加熱時間。

Point 2 電子微波爐是從上受熱

與從下受熱的瓦斯爐不同，電子微波爐是從上受熱（電磁波）。因此，如果同時放入數種材料來加熱，就把不易熟的肉放在上方，容易熟的葉菜類蔬菜放在下方。

Point 3 微波爐的熱是從尖端部份開始

電子微波爐的熱是從尖端先受熱。因此切蔬菜時，把尖的部分儘量切成不規則形狀就易熟。

牢記這點就能縮短烹調時間。

Point 4 轉盤或盤是從外側受熱

把食材放入微波爐加熱時，通常放在轉盤的中央，其實這是錯的。因為中央的加熱效率差，如果希望均勻受熱，就放在轉盤的邊緣。放入耐熱盤時亦同，把不易熟的食材放在外側。

Point 5 加熱時間不在大小塊而在重量

微波爐的情形與熱水川燙不同，並非切成小塊就快熟。以全體的大小為基準而非形狀，因此不論是整塊或切成小塊，加熱所需時間都一樣。

Part 07

不浪費的飲食生活

食材的保存法

在冰箱冷藏保存

牢記耐久的保存法就不會浪費使用

任何食物並非放入冰箱冷藏就能長期保存。舉例來說，根莖類蔬菜在常溫保存，葉菜類豎立放入高的容器在冷藏庫保存就能耐久。牢記各種食材的保存法就能節省餐費。

●**洋蔥**
以帶薄皮的狀態來保存最好。
用保鮮膜包起來阻絕空氣。

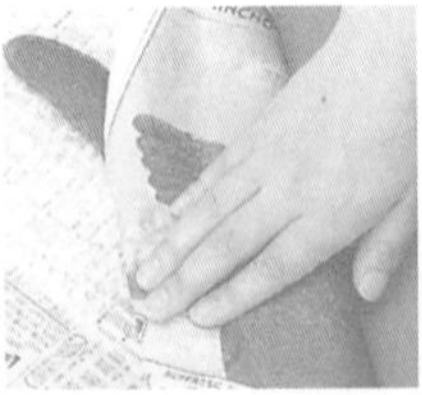

●**小黃瓜**
用舊報紙包起，裝入塑膠袋冷藏保存。保存以4到5天為基準。

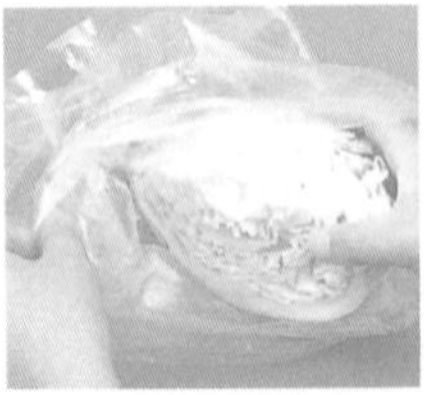

●**高麗菜・萵苣**
裝入塑膠袋，折起袋口放入蔬菜室冷藏。去除受傷的葉或變色部分。

●**青花菜**
因會發生乙烯而傷害其他蔬菜，故綁緊袋口來保存。

●**菠菜**
根部朝下裝入塑膠袋，以豎立的狀態放在蔬菜室冷藏。綁緊袋口。

在冰箱冷凍保存

冷凍保存的鐵則是速度

譬如解凍肉時，是否有流出混濁汁的情形？這表示因冷凍而使細胞被破壞。美味當然也會減半。避免細胞被破壞的要點是一口氣冷凍到內部。

不適合冷凍的食材

牛乳 凍結後，水分與脂肪成分就分離，而使本來的營養素流失。如果沒喝完，建議做成白醬來冷凍保存。

蛋 生蛋一旦冷凍就會凝固變硬。但如果用來做炒蛋，冷凍也沒問題。

豆腐 雖然可以冷凍，但解凍後不能恢復原狀。冷凍過的豆腐不要解凍，可直接做成煮物或壽喜燒。

蒟蒻 冷凍後就變得粉碎而失去本來的嚼勁。因此最好避免。

果凍 應該有不少冷凍過吧！解凍後雖不會恢復原狀，但可品嚐到碎渣的口感。

生蔬菜 因凍結而使水分膨脹，破壞細胞膜，因此不會恢復原狀。可切碎用來煮湯或榨汁來保存。

冷凍保存的基本順序

1 事先準備

適合食材的事先準備重要

如上所述，冷凍的要點在於迅速凍結到內部。因此，冷凍前的食材必須切薄來做好事先準備。火腿等切薄片，肉切小塊，米飯分成1餐份的小份，考慮用餐的情況來做好適合食材的事先準備。

此外，為防止在冷凍庫內氧化與乾燥，用保鮮膜緊密包好也重要。此外，在冷凍前先煮熟也是一招。肉或魚調味，蔬菜事先準備，就能保存得更久。事先準備成使用時只需加熱的狀態，對繁忙的日子就很有幫助。

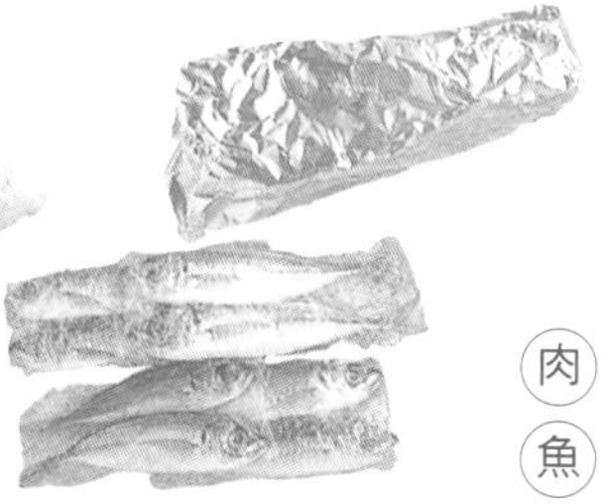

肉 魚 分成小份為基本

- ●魚片或大塊肉、絞肉等分成小份，就能方便取用。
- ●煎烤用的厚片肉，用鋁箔紙包起。
- ●冷凍生肉、生魚時，條件必須新鮮。如果覺得不夠新鮮，就用酒或醬油事先醃入味。
- ●也可以煮熟後再冷凍。

米 煮熟後立即冷凍

趁熱分成1餐份，弄平，用保鮮膜包起。放涼後再放入冷凍庫。冷凍後裝入密封袋就能保存1至2個月。

蔬菜 稍微加工

馬鈴薯	生的狀態不能冷凍，但煮熟搗碎就能冷凍。分成小份後用保鮮膜包起，放入冷凍庫。
菠菜	稍微川燙，擠乾水分後切成同樣長度，用保鮮膜包起冷凍。
番茄	以生的狀態切片後，裝入密封袋冷凍。解凍後可用來做醬等。
白蘿蔔	把磨泥的白蘿蔔分成小份，裝入密封袋冷凍。如果切絲就灑鹽再冷凍。
紅蘿蔔	切薄片，煮熟後擦乾水分，用保鮮膜包起冷凍。
洋蔥	切碎或切薄片炒熟後，分成小份裝入密封袋冷凍。
茄子	整條煮熟冷卻後，擦乾水分，用保鮮膜包起冷凍。
青椒	以生的狀態切細，分成小份裝入密封袋冷凍，就方便取用。
鮮香菇	擦拭污垢，去除蒂尖。以生的狀態顛倒過來用保鮮膜包起冷凍。
小黃瓜	切成蛇腹狀（不切斷）後灑鹽，用保鮮膜包起冷凍。
青花菜	稍微川燙後瀝乾水分。排放在盤內冷凍，冷凍後再裝入密封袋。

2 去除空氣

去除空氣影響賞味期限

食材並非冷凍就不會腐敗，因開閉冷凍庫的門而接觸空氣時，就會使氧化進行。防止氧化耐久最方便的是使用密封的真空袋。冷凍後再裝入袋中，用吸管徹底吸出裡面的空氣。多加這道手續就能防止食材氧化、結霜，保存得更久。

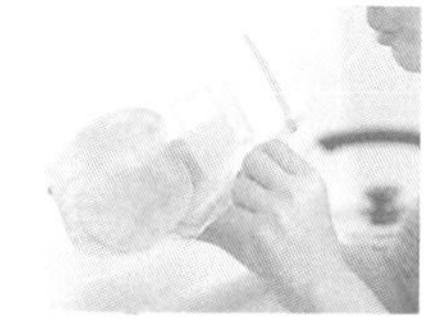

有用的物品

附有強力拉鍊，能密閉而防止蔬菜或水果乾燥，保持新鮮。最適合用來長期保存食物。

3 在冷凍庫保存

保存時冷凍庫門的開閉要迅速

長期保存時，防止食品氧化最重要。因此必須儘量減少開閉門，避免接觸外面的空氣。

●Part 08

正確解凍
來美味用餐

冷凍食材的解凍法

雖然懂得高明冷凍，但如果解凍失敗，美味就會流失或失去水分…。因此不懂得解凍法，就稱不上冷凍保存成功。

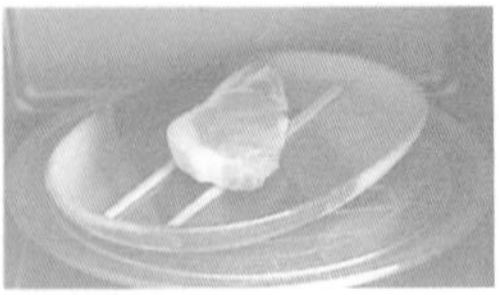

用微波爐解凍時，為避免流出的汁把肉煮熟，架在筷子上是祕訣。

肉 魚 注意解凍時流出的肉汁

肉．魚的美味流失最大的敵人就是解凍時流出的汁，而能加以避免的最好方法就是移到冷藏室來慢慢解凍。如果沒時間，也可利用電子微波爐來解凍，但這種情形半解凍即可。

蔬菜 配合吃法來解凍

葉菜類（菠菜等）

如果要做燙菜，以微波爐解凍後迅速川燙。如果要炒，就淋熱水來解凍，擰乾水分。如果要做燉菜或焗烤，以凍結的狀態直接烹調即可。

根莖類（馬鈴薯等）

馬鈴薯沙拉等，如果解凍後立即吃就自然解凍。如果要用來做可樂餅，就僅取要吃的份量，用微波爐解凍。

其他食品的冷凍・解凍！

	冷凍法	解凍法
三明治	夾火腿或馬鈴薯泥等可冷凍的材料。萵苣等生菜不能冷凍，因此建議不要使用。用保鮮膜包起冷凍，再裝入真空袋。	放置室內自然解凍。完全解凍前保持真空袋的狀態，不要取出。因為取出會沾上水滴而使麵包變軟。
蛋	生蛋不能冷凍，但如果做成煎蛋或炒蛋就可冷凍。用保鮮膜包起冷凍，冷凍後裝入真空袋保存。	放在盤子，覆蓋保鮮膜，在微波爐解凍，蛋就會變得鬆軟美味。如果以室温自然解凍，就以真空袋的狀態來解凍不要取出。
蛋糕	蛋糕或和西點適合冷凍。冷凍後儘量裝入真空袋，但如果是形狀複雜的蛋糕，就裝入密封容器來冷凍保存。	在室温自然解凍就能直接食用，非常簡單。如果有保鮮膜包裹，則是以包裹的狀態來解凍，如果是裝入密封容器的蛋糕則是自然解凍。
炒麵	蔬菜解凍時會變軟，因此不要炒太軟就能冷凍。分成 1 餐份的小份，用保鮮膜包起，放涼後再放入冷凍庫，冷凍後裝入真空袋。	取出放在盤子，覆蓋保鮮膜在微波爐解凍。若過度微波會乾燥變硬，因此須看情況分成幾份來加熱。
咖哩	冷凍時，去除馬鈴薯與紅蘿蔔。裝入圓形的密閉容器就能均等傳熱，這樣用微波爐解凍時，温度也不會不均勻。	以裝入密封容器的狀態，在微波爐解凍。此外，也可先把密封容器的周圍加熱後，倒入鍋中來加熱，再加入煮熟的馬鈴薯與紅蘿蔔來吃。

電子微波爐烹調－**加熱時間基準表**

每100g單位

種類		食材	600w	500w
蔬菜	豆芽	豆芽	40秒	1分鐘
	蕈菇	玉蕈、鮮香菇、舞茸、金針菇	40秒	1分鐘
	青菜類	蒜苗、茼蒿、鴨兒芹、韭菜、蔥、長蔥、菠菜、油菜、青江菜、高麗菜、大白菜	1分10秒	1分30秒
	夏季蔬菜	茄子、番茄、秋葵、青椒	1分30秒	2分鐘
	春季蔬菜	花椰菜、青花菜、綠蘆筍、豌豆莢	1分30秒	2分鐘
	根莖類	馬鈴薯、蕃薯、芋頭、山芋、蒟蒻、南瓜、玉蜀黍、毛豆、蓮藕、洋蔥、紅蘿蔔、白蘿蔔、蕪菁、牛蒡	2分鐘	2分30秒
	冷凍蔬菜（已加熱）	綜合蔬菜、青豆、玉米粒、五菜混合、高麗菜芽、菠菜	3分鐘	3分40秒
肉 魚貝 豆腐	肉・魚・蛋	雞肉、豬肉、牛肉、魚類、雞蛋	2分鐘	2分30秒
	蝦・烏賊 豆腐等	蝦、烏賊、螃蟹、章魚、扇貝、豆腐、雞胸肉	1分鐘	1分20秒

希望牢記
親自下廚的 5大祕訣

1 以1週為單位攝取3色營養

2 美味的米飯與味噌湯讓獨自一人也能快樂用餐

3 美味的菜餚是從挑選食材開始

4 活用電子微波爐來縮短下廚時間

5 懂得保存法的人才能高明下廚

沒有秤也不要緊！**計量基準表**

	1小匙	1大匙	1杯
食鹽	5	15	210
精緻白糖	3	9	110
砂糖	4	13	170
牛油	4	13	180
低筋麵粉	3	8	100
咖哩粉	2	7	85
起司粉	2	6	80
芝麻	3	9	120
味噌	6	18	230
可可	2	6	80

單位／g

在整潔的房間生活！

掃除的基本與祕笈

From ABC to the unknown technique of cleaning ●●

單身生活時，不僅自己的房間，連廚房或浴廁也要打掃。
這些地方容易拖延不想整理，但時間拖越久，髒污就越頑固，
不僅費時也費力，也會長蟲長霉……。
在陷入這種事態之前，
牢記掃除的基本與祕笈，使房間保持舒適。

●Section 01

少了這些就無法開始

準備掃除用具

基本用具

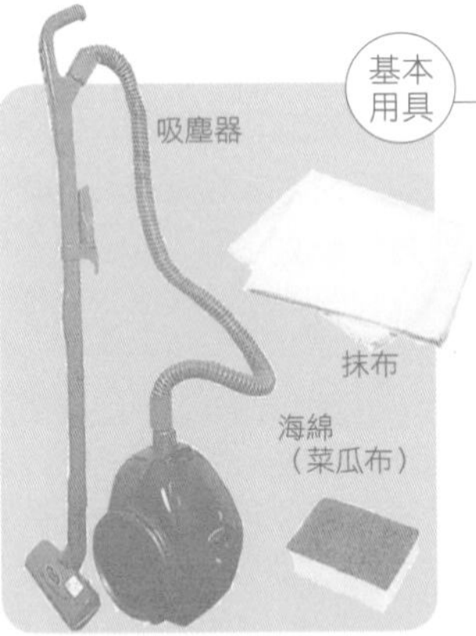

便利用品

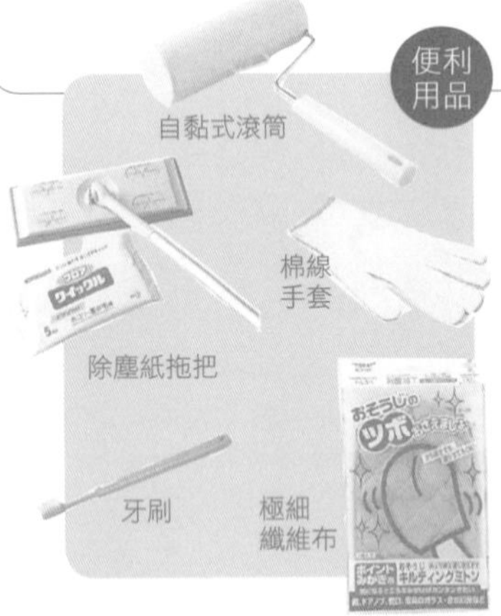

●Section 02

舒適度過單身生活

室內的掃除法

室內掃除的順序

窗
▼
家具．家電
▼
地板

順序弄錯就會花雙倍的時間與勞力。高明掃除從高處向低處、從裡到外來掃除，才是避免髒污擴大的祕訣。

窗

基本 祕笈

濕擦↓乾擦
再用乾報紙擦拭

打掃窗的基本是濕擦與乾擦並用，在濕擦後尚未乾燥前，用揉成一團的舊報紙如畫圓圈般摩擦，報紙上的油墨代替蠟能使玻璃窗變得光亮潔淨。防止弄髒或刮傷。

窗簾・百葉窗

窗簾、百葉窗最好每3～4個月清掃一次。有些窗簾的素材可自己清洗，因此送洗前先檢查洗濯標示。此外，養成在打掃地板的同時用吸塵器吸窗簾的習慣。

棉線手套在此能派上用場

掃除百葉窗時，戴棉線手套插入葉片中，移動擦拭。

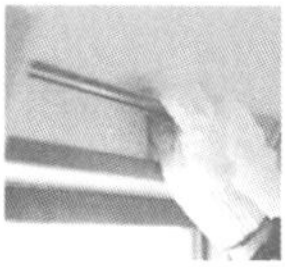
窗簾軌道的灰塵，握住來移動就能擦乾淨。

紗窗紗門

清掃紗窗紗門時，如插圖般先用吸塵器吸去灰塵，然後用沾清潔劑的2個海綿前後夾住來擦拭，最後濕擦。

把舊報紙抵住背面，用吸塵器吸去灰塵。

用沾住宅用清潔劑的2個海綿夾住兩側來擦拭。

家具、家電

秘笈 基本

乾擦 用舊牙刷去除灰塵

木製家具

木製家具基本上是乾擦。如果髒污太明顯，就用沾上中性清潔劑擰乾的抹布來擦拭，但原木家具不能使用，因為吸水性佳，可能因水分而出現污漬。

沙發

皮革製沙發是依照下列順序來保養。❶把衣物用的中性清潔劑稀釋後，用抹布沾上擰乾來擦去污垢。❷把沾水的濕抹布擰乾後擦去清潔劑成分，❸乾燥後，把柔軟的布沾上皮革用乳液（可麗奶）來擦拭。

電視

不能沾水，因此基本上用雞毛撢子或柔軟的布擦去灰塵。噴上AV機器專用防靜電噴霧也是防止灰塵的好方法。細小處的髒污可用舊牙刷來清掃。

空調

濾網沾滿灰塵時，相同的溫度會使電費高出約10％。為了節約能源，3個月取出濾網一次，用刷子去除灰塵後再水洗，在日陰處晾乾。繁忙時可用吸塵器吸去灰塵，總之勤於清掃。

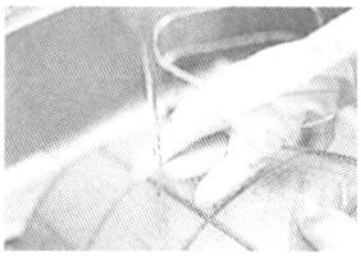

燈具

熱會聚集灰塵，因此每半年一次清掃燈具。塑膠製燈罩，水洗或噴上住宅用清潔劑，再用布擦拭。如果是木製或紙製，就用靜電刷來去除灰塵。

地板

木質地板

基本 從裡到外用吸塵器清掃

用吸塵器清掃木質地板的基本是從裡到外。如果髒污嚴重，就用室內用清潔劑擦拭來清掃。但有些材質因表面加工而無法使用清潔劑，因此在擦拭前先在不顯眼處測試是否會變色。

房間從裡向外（出入口方面）用吸塵器來清掃，是髒污不會擴大的高明清掃法。

秘笈 用洗米水來擦亮

最後用能保護刮傷或污垢的木質地板專用的樹脂蠟打磨就更完美。此外，洗米水也能代替蠟，不妨試試看，這樣就能省錢。

每天的掃除 使用「除塵紙拖把」就足夠

套上專用布而能迅速去除灰塵的「除塵紙拖把」，在平日的掃除能大顯身手。因有零件可固定，故只需套上抹布即可，而且能以站立的姿勢擦地，既能縮短掃除時間又省力。

榻榻米

基本 順著紋路用吸塵器或抹布來清掃

榻榻米不能沾水，因此平日可順著紋路來擦拭。如果髒污顯眼，就把溫水加入中性的住宅用清潔劑稀釋後，用抹布沾上擰乾後來擦拭，之後徹底乾燥即可。

秘笈 用醋水擦亮

基本的掃除完畢後，如果還想去污與擦亮，醋很有效。因為醋的主要成分醋酸的洗淨力能分解污垢。在水桶的水中加入1滴醋來濕擦，就能變得光亮潔淨，不妨試試看。

邊緣的髒污對策

清掃累積灰塵的邊緣時，牙刷能大顯身手。顯眼的污漬使用中性的住宅用清潔劑與牙刷，就能刷出污垢。然後用沾溫水擰乾的抹布拍打即可。

掉落的菸灰

把粗鹽灑在菸灰上，用戴棉線手套的手來摩擦，菸灰就會混合粗鹽而浮上來。之後仔細擦拭或用吸塵器吸除，就能防止菸灰深入榻榻米的紋路中。

發霉對策

發霉時最好的方法是噴消毒用乙醇，然後用布擦拭。

如果乾擦或用掃把來掃，發霉的孢子就會飛散而更糟糕。

地毯

基本 從房間的中央用吸塵器清掃

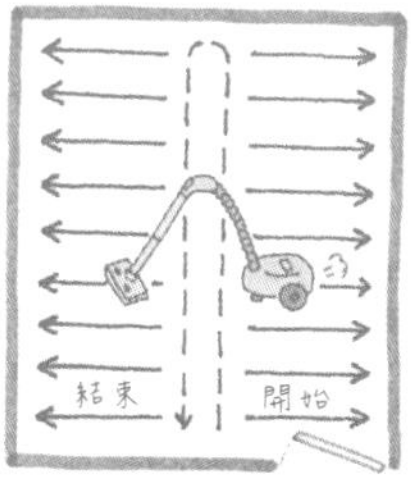

鋪地毯的地板從房間的中央，以逆毛方式用吸塵器吸乾淨是祕訣。把房間分成一半，依序來吸就不會有所遺漏。

祕笈 用「自黏式滾筒」去除灰塵

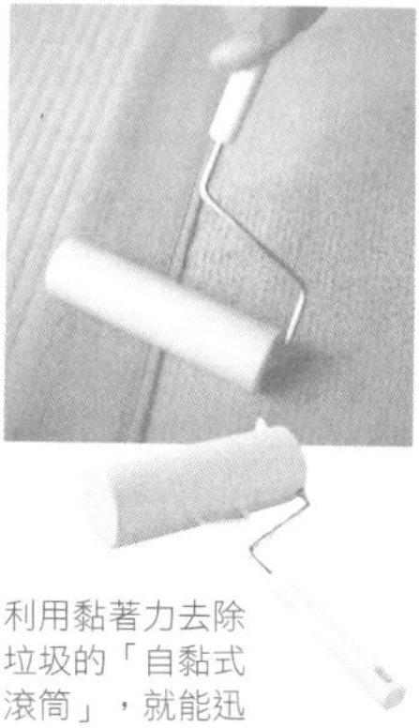

利用黏著力去除垃圾的「自黏式滾筒」，就能迅速掃除而方便。

人常經過的地方特別容易髒，因此平時的掃除是從地毯的中央部份重點式使用吸塵器或「自黏式滾筒」來去除垃圾。如果髒污顯眼，就用沾中性住宅用清潔劑的抹布，以逆毛方式從左右兩個方向來擦拭。

污漬的去除法

●水性的污漬

醬油等水性污漬，先用沾水的布來擦拭，再用沾中性住宅用清潔劑的布來擦拭，之後用牙刷刷出污垢，再用布擦拭乾淨。

●油性的污漬

粉底或牛油等油性污漬，先用沾揮發劑（去漬油）的布來擦拭，再用刷子刷出污垢。之後就和水性污漬的處理方式一樣。使用揮發劑時必須特別注意通風與用火。

●沾上口香糖或蠟滴

口香糖

把冰塊放在口香糖上冷卻，就會變硬而能輕鬆剝除。

蠟滴

把熨斗放在衛生紙上，就能融化蠟而順利去除。

●Section 03

放置餐具的場所必須常保清潔

廚房的掃除法

廚房掃除的順序

瓦斯爐
▼
水龍頭零件
▼
排水口
▼
水槽

清掃時會用到水，因此水槽最後再清掃。從離用水場所遠的地方開始清掃。一併掃除廚房家電。

基本

廚房周圍用畢後立即擦拭

用畢後立即擦拭乾淨，就能避免累積油污或水垢。時間越久就越頑固。此外，利用洗餐具剩下的清潔劑，一併清洗排水口或三角瀝水籃、過濾筒、水槽的內側來去污。

瓦斯爐

爐架與接盤

秘笈

用小蘇打去除頑垢

使用去油污效果卓越的鹼性小蘇打。拿掉爐架與接盤，把小蘇打灑在油污部分後暫時放置，再用舊牙刷刷洗。如果這樣還無法去除油污，就先浸泡小蘇打溶液。

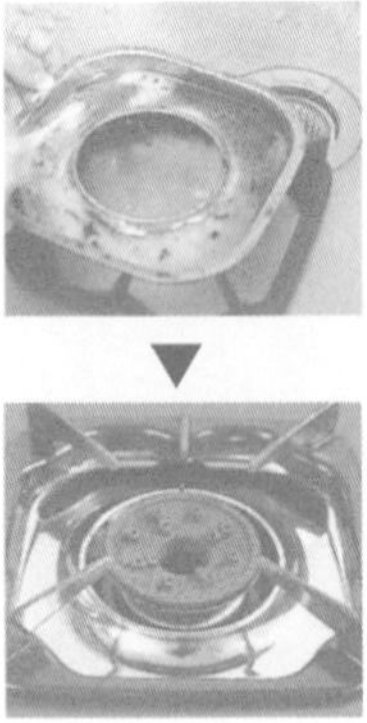

沾黏的油污，用小蘇打就能清除。

瓦斯台

秘笈

用液體肥皂與醋能簡單清掃

提到清潔劑就容易讓人想到合成清潔劑，但應該重估液體肥皂，因為能去除嚴重的油污。此外，灑上醋水就會分解泡沫，然後用廚房紙巾擦去即可。因為是天然素材，不傷皮膚也是魅力所在。

水龍頭零件

秘笈

舊牙刷＋牙膏就會變得光亮如新

把舊牙刷沾牙膏來刷累積水垢的水龍頭根部或背面。嚴重的污垢可把麵粉當作研磨劑來使用。之後濕擦，捲起乾毛巾來摩擦，就會光亮如新。

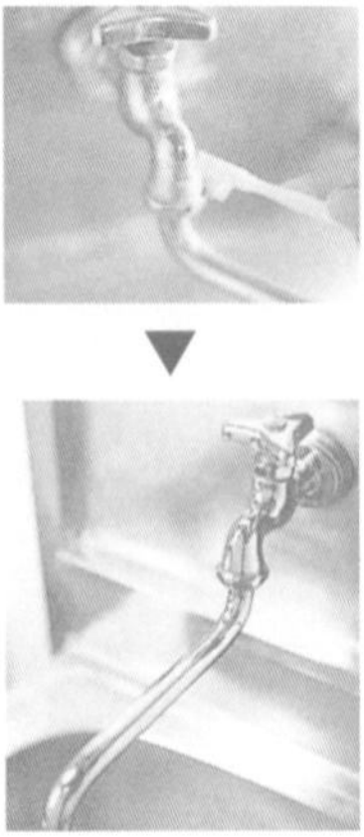

秘笈

輕微的污垢用極細纖維布來摩擦即可

輕微的污垢，使用擦眼鏡般的極細纖維布來摩擦舊能去污。如果髒污嚴重，就抹上洗手皂，用海綿擦洗，再用布摩擦即可。

排水口

三角瀝水籃

秘笈 只需浸泡廚房用漂白劑即可

三角瀝水籃發黏的原因，在於濕氣與食物殘渣產生的霉菌或雜菌。放置太久就會引起惡臭，因此必須及早處理。首先在塑膠袋裝水，加入廚房用漂白劑（量依包裝上的標示）。放入三角瀝水籃，浸泡30分鐘後取出，水洗後就很乾淨。

排水口的臭味

秘笈 噴醋

排水口臭味原因的雜菌，可利用醋的殺菌效果來去除。

醋的主要成分醋酸不僅有洗淨力，也有殺菌力，只要噴灑就能在各個場所發揮力量。而且是天然素材，因此噴灑後不必再水洗。

水槽

水垢

秘笈 用檸檬汁來摩擦

水槽周圍的白色水垢原因來自自來水的殘留氯。檸檬的檸檬酸對此有很大的效果。可分解水垢，因此用檸檬的切口稍微擦拭就會變得潔亮。

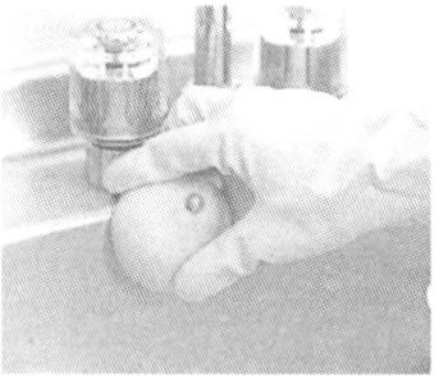

鏽

秘笈 洗濯用的還原型漂白劑有效

鏽利用還原就能溶水。用約60℃的溫水把洗濯用的還原型漂白劑溶解成糊狀，塗抹在生鏽處，放置約30分鐘。太久會損害水槽，請注意。之後用牙刷或柔軟的海綿來擦拭，就能消除鏽！

廚房家電

電子微波爐的氣味

秘笈 加熱檸檬皮即可

把檸檬皮放入電子微波爐內加熱1分鐘，就會散發清新的香味，去除惱人的氣味。至於污垢，可放入濕布加熱30秒。利用蒸氣溶解污垢後，再用濕布擦拭就能潔淨。

冰箱冷藏庫的污垢

秘笈 用廚房用洗潔精來擦拭

先切斷電源，取出內容物。嚴重的污垢，用抹布沾上以溫水稀釋的廚房用洗潔精來擦拭，之後再濕擦即可。冷藏庫下方的蒸發盤也要偶爾清掃。

冰箱冷凍庫的霜

秘笈 利用熱水的蒸氣來融化

在結霜達到5㎜厚以上之前必須去除。先切斷電源，取出內容物，把裝熱水的碗放入庫內。待霜鬆開後，用免洗筷去除，再用乾布擦拭即可。

●Section 04

在污垢累積到嚴重前清掃

浴室的掃除法

掃除浴室的順序

浴缸
▼
浴室用品
▼
地板

浴室的地板在掃除中常流水，因此最後再處理。從掃除面積大的浴缸開始，接著是淋浴水管等細部。

水龍頭零件

基本 泡澡後邊排出熱水邊清掃

污垢放置越久越難去除，因此用畢後邊排出熱水邊清掃浴缸才好。也可用蓮蓬頭沖熱水，總之養成習慣。此外，平時徹底通風就能防霉。

基本 輕微的污垢用浴室用清潔劑

輕微的污垢可噴上噴霧型浴室用清潔劑，再用海綿擦拭，最後用水洗淨。

浴缸

祕笈 嚴重的污垢使用去污粉

如果是使用浴室用清潔劑也無法去除的嚴重污垢，使用加研磨劑的浴室用微粒子去污粉就有效。

注意清潔劑的用法！

清潔劑如果用法錯誤就會引起化學反應，而產生有害氣體，傷害人體。尤其同時或連續使用氯系清潔劑與漂白劑、酸性型清潔劑，就有危險，因此必須遵守使用上的注意事項。

浴室用品

祕笈 用棉線手套＋清潔劑清洗細部

在橡膠手套外再套上棉線手套，然後噴上清潔劑來擦拭，如此連刷子的柄等細部都能用指尖摩擦乾淨。然後再用牙刷與牙粉來刷洗即可。

地板

祕笈 細部用牙刷＋牙膏

地板的死角或排水口等細部的污垢，把舊牙刷沾上牙膏來刷洗就能變得潔淨。

防止排水口堵塞
頭髮是造成堵塞的元兇。將此貼在排水口上，一堆積頭髮就清除。

Section 05

被人看到之處
不要累積髒污

衛廁的掃除法

廁所

基本 用畢立即用刷子刷洗

每次用畢就用刷子輕輕刷洗，就能常保清潔。頑垢可用浴廁用清潔劑或耐水性細粒砂紙如畫圓圈般摩擦。

祕笈 用檸檬汁或醋分解污垢

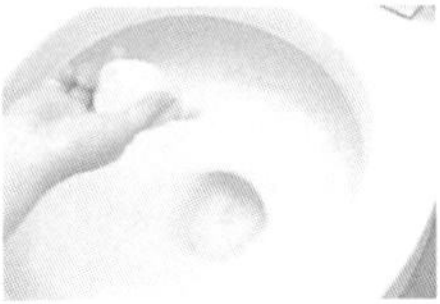

酸性的檸檬汁或醋有洗淨效果與殺菌效果，因此可分解廁所污垢元兇的阿摩尼亞。噴在馬桶刷洗就能洗淨污垢，因此如果浴廁用清潔劑用完就可用來代替。

盥洗室

基本 邊「使用~」邊清掃

邊「使用~」邊清掃就能保持盥洗室清潔。譬如邊刷牙邊用另一手來清掃就省事。

祕笈 利用馬鈴薯與檸檬片

水垢放置不擦乾，就會變成水垢，因此每次用畢洗臉台就擦拭乾淨。輕微的污垢用檸檬的切口來摩擦或馬鈴薯片擦拭，然後再濕擦或乾擦就有效果。

能使平時的掃除更輕鬆
防止污垢

流理台下方　鋪舊報紙防霉和蟎
流理台下方或壁櫥等容易有濕氣的地方，事先鋪舊報紙。防止濕氣基本上是避免發霉、塵 。

餐具櫃　鋪包裝紙來防止污垢
每次清掃就取出餐具來擦拭廚櫃，費時又費事。事先鋪包裝紙或廚房紙巾，一弄髒換新即可。市面也有出售專用墊，不妨多加活用來防止污垢。

垃圾筒　鋪舊報紙做為漏水對策
在丟棄生廚餘的廚房用垃圾筒底部鋪舊報紙。如此一來就不必擔心垃圾滲出水分。倒垃圾時，連舊報紙一起丟棄，垃圾筒就能常保清潔。

吸油煙機（抽風機）
覆蓋鋁箔紙防止油污
吸油煙機的邊緣或爐具是容易累積油污的地方。時間越久越難去除油污，因此事先覆蓋鋁箔紙，一累積油污就更換，清掃起來也省事。

沙發．燈罩
噴上防水噴霧來阻絕污垢
只要噴上在雨具等使用的防水噴霧，污垢或污漬就不易附著，非常有用。也可用在布製品或合成樹脂製品。布沙發或燈罩等不易清掃的物品，事先噴上，以後清掃起來就輕鬆。

希望牢記
掃除的5大祕訣

1. 「用畢立即擦拭」是掃除的基本
2. 室內掃除的順序是高處↓低處，地板掃除順序是裡↓外
3. 用水周圍只要邊「使用~」邊清掃就能隨時保持清潔
4. 活用棉線手套、牙刷、醋及檸檬等便利用品
5. 平時注意防止污垢，就能使清掃變得輕鬆

02:03

從洗衣的基本到摺疊的方法

不會失敗的洗衣術

How to wash without failure ●●

「想都沒想就混在一起清洗，結果紅色襯衫與白色襯衫都變成粉紅色」、「心愛的毛衣縮水…」，
如果不熟悉洗衣的方法，就可能糟蹋心愛的衣物——。
即使如此，全都送去洗衣店又太浪費。
建議依照下列教導的基本步驟來做，向高明的居家洗衣挑戰看看！

●Lesson 01

先學習基本

洗衣的基礎常識

認清洗濯標示

最近有些衣物就算標示乾洗，卻能在家自己洗，只不過嚴禁把洗法不同的衣物混在一起洗。洗濯前先檢查衣物上的洗法標示。

洗法	
	衣服可在機器中水洗。最高水溫不超過60℃。
	衣服可在機器中水洗。最高水溫不超過40℃。但須中速洗滌縮短洗程。
	衣物置於水中，以手洗滌(若未註明溫度則表示可用熱水，水溫最高不可超過90℃。
	不可水洗。
乾洗	
	限用石油類乾洗溶劑清洗。
	可用石油類、氟素、四氯乙烯、三氯乙烯乾洗溶劑清洗。
	不可以乾洗。
可否漂白	
	可用一般漂白劑漂白(含氯及含氧漂白劑)。
	不可漂白。

標籤上記載的注意事項

即使有乾洗的標示，也不代表「只能乾洗」。乾洗只是表示「可以乾洗」之意。如果除乾洗之外還有左表所示的可水洗或手洗的標籤，就表示也能在家清洗。

標籤上記載的注意事項

這個的標示，通常與用洗衣機清洗或手洗的標示一同標示，請遵照來洗濯。

了解修飾劑的特徵

修飾劑的種類繁多，有螢光劑、漂白劑、柔軟劑等。如果弄錯用法就會失效，減弱洗淨力。牢記左表的特徵，就能高明洗濯。

	特徵	用法
螢光劑	螢光劑是染料的一種，吸收紫外線發出藍紫色的光。在纖維添加藍色就有變白的效果。	白色衣物使用螢光劑，而每次清洗就會掉落，因此用來彌補。但淡色系的衣物會變色，最好不要使用。
漂白劑	利用化學反應來分解污漬或髒污的色素，以恢復原來的色澤。有氧化型與還原型。	直接抹在污漬部分，或浸泡時使用。如果有金屬製鈕釦須取下。氯系漂白劑會使花紋脫落，因此必須注意！
柔軟劑	使纖維之間變滑，洗好的衣物變得柔軟。也有防止靜電、防止糾結的效果。	如果是全自動洗衣機，事先裝入投入口即可。如果是雙層式洗衣機，在洗好後加入柔軟劑再沖水一次。

● 弄錯就糟糕！

可一起加入
不可一起加入

○洗衣精（粉）與酵素系漂白劑
酵素系漂白劑對食物的污漬很有效。與洗衣精一起加入，能防止污漬變黃變黑。

×洗衣精與柔軟劑
柔軟劑是在最後使用。如果與洗衣精同時加入，效果會抵銷。因此洗好後再加入柔軟劑。

×酵素系漂白劑與氯系漂白劑
氯系漂白劑對棉或麻等白色衣物有效，但如果與酵素系漂白劑一起使用就會減弱效力。

洗衣精或洗濯物的量要適切

不加入超過必要量的洗衣精

即便使用超過必要量的洗衣精，洗淨力也幾乎無太大改變，反而不易洗淨泡沫，多花上清洗的時間，浪費水費與電費。

洗濯物的量以容量的8成為基準

洗濯物太多時，會影響洗衣機的旋轉而不易洗去污垢。參考左表，把量控制在洗衣機容量的7～8成。時間方面，如果是普通污垢，7～10分鐘即可。如果洗衣機超過必要旋轉過久，反而會傷衣物。此外，水溫高也能提高洗淨力。

重量的基準

Y襯衫	200g
罩衫	100g
T恤	150g
內褲	50g
睡衣上下	500g
毛巾	70g
浴巾	300g
床單	500g
牛仔褲	700g

●Lesson 02

決定最後的成果

洗衣前的事先準備

把洗濯衣物分類

A 有色衣物

先檢查是否會褪色

第一次清洗深色或有花紋的衣物時，先把少許濃的清洗劑抹在不顯眼的部分，經過5分鐘後放上白布，如果顏色會轉移到白布上，就表示會褪色，必須單獨清洗。

注意選擇清洗劑！

淺色或淡色衣物有時會因螢光劑而變色，因此使用不含螢光劑的清洗劑、單獨清洗。反之，白色衣物如果使用不含螢光劑的清洗劑就會變黃。

B 髒污嚴重的衣物

先洗局部

很難洗掉的領口或袖口的污垢，在洗濯前先洗局部是洗淨的祕訣。只要把液體清洗劑直接抹在髒污部分，或使用局部清洗的專用清洗劑，就能簡單洗淨。

此外，洗濯用的清洗劑當然有效，但萬一清洗劑用完時，採用下表的祕笈也能暫時解決。

浸

髒污嚴重時，就在洗濯前浸泡放置。基本上「用30～40℃水溫的水，把清洗劑稀釋5～6倍，浸泡1小時」。有色衣物在浸泡前先檢查是否褪色。

預洗

油污或血漬等頑垢，洗濯前在水桶先手洗，洗出來的結果就會不一樣。

也能用這些來代替清洗劑！

局部清洗的祕笈

洗髮精
能洗去頭皮分泌的皮脂或頭髮上的灰塵，因此對於領口污垢也頗有效。

清洗餐具用清潔劑（洗碗精）
能洗去餐具上的油污的中性廚房用清潔劑，對沾上油膩食物的污漬有效。以原液的狀態來使用。

牙膏
所含的研磨劑對襯衫也能發揮很好的效果。領口或袖口的污垢，用沾牙膏的牙刷就能洗淨。

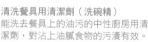

去除污漬

污漬會隨著時間氧化而不易去除。不能水洗的衣物，或碰到沾上污漬時也無法立即清洗的情形，如果不去除污漬，就會變得無藥可救。依污漬的種類與衣物的素材，選擇適切的去除污漬法。

去除污漬的基本方式

把毛巾等布料墊在下方，把污漬的部分朝下，用沾清洗劑液的棉花棒從上敲打，讓污漬轉移到下方的布。拿掉墊布，反覆上述方式，直到去除污漬為止。

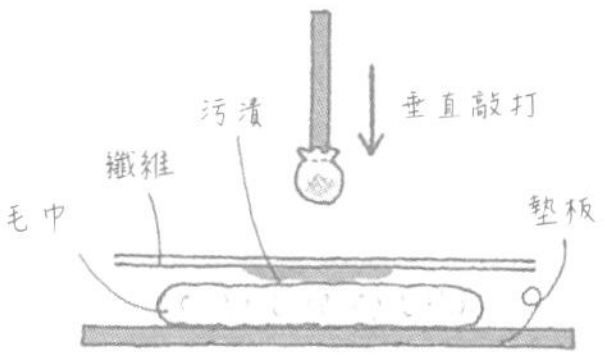

自製棉花棒
把脫脂棉纏繞在免洗筷的一頭，包上紗布，捆上橡皮筋固定就完成。

依種類去除污漬法

	種類	最初的處理	其次的處理
食物污漬	醬油 果汁 咖啡 番茄醬	用冷水或熱水拍打	用清洗劑液拍打
食物污漬	酒類	用酒精拍打	用冷水或熱水拍打
食物污漬	蛋黃 牛油 鮮乳 巧克力	用揮發劑拍打來去除脂肪成分	用清洗劑液拍打
分泌物污漬	血液	用水拍打	用清洗劑液拍打
化妝品污漬	口紅 粉底	用揮發劑與酒精拍打	用清洗劑液拍打
化妝品污漬	指甲油	用去光水拍打	
文具污漬	印泥 原子筆	用揮發劑與酒精拍打	用清洗劑液拍打
其他污漬	鐵銹	用還原型漂白劑的溫液拍打	

防止糾結

●長袖襯衫

容易與其他衣物糾結的長袖襯衫或罩衫的袖，把右袖扣在左身的鈕釦，左袖扣在右身的鈕釦洞來洗濯。袖子固定後就能防止糾結。

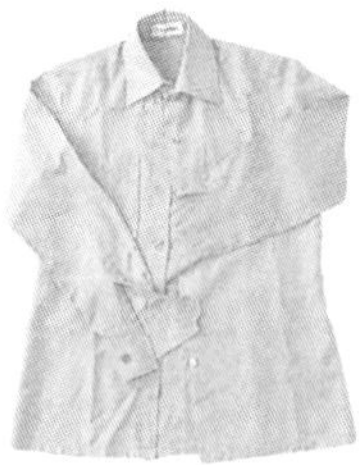

●褲襪・內衣褲

褲襪摺疊後裝入洗衣網來清洗，洗好後連洗衣網一起晾乾就能防止脫線。胸罩扣上鉤子，把肩帶塞入罩杯中裝入洗衣網來清洗。

●有飾邊的衣物

飾邊或蕾絲的罩衫扣上鈕釦、翻面，裝入洗衣網清洗。纖細的飾邊或蕾絲在內側就能防止受損。如果有刺繡，就把布塊覆蓋在上方，別上安全別針來洗。

Lesson 03

終於要
付諸實踐！

不會失敗的居家掃除術

外出服．纖細材質的衣服

先準備專用清洗劑與洗衣網

可洗有乾洗標示衣物的清洗劑。能省下送洗費。

洗衣網。準備搖晃時內容物能大幅晃動的大小。

Case 1 有(乾洗 P)又有(40℃)標示的情形

基本上有(40℃)的標示，就表示能放入洗衣網用洗衣機來洗。使用外出服用的清洗劑就簡單。牢記祕訣來試試看。

立即用洗衣機洗洗看

❶製作脫水後整理形狀用的紙板。

❷把清洗劑抹在污垢部分，把該部分朝外側裝入洗衣網，設定手洗模式後投入洗衣機。

❸如果是雙槽式洗衣機，用弱水流清洗3分鐘後，脫水約30秒。換水後，用弱水流浸泡後，脫水約30秒。再重複一次就洗好。

Case 2 有(乾洗 P)又有(手洗)標示的情形

有(手洗)標示時，基本上只能乾洗，但有些衣物還是可以在家清洗。首先參考左表來檢查素材。

先檢查是否屬於以下項目

①
容易縮水、變色．表面變化的
- 絲．螺縈．羊毛等
- 毛皮．皮革製品
- 絲絨．縐綢等
- 皺紋加工．凹凸加工

②
襯裡多而容易變形的衣料
- 西裝．夾克類
- 外套
- 領帶

③
容易褪色的
- 顏色鮮豔或進口製品等

不屬於①～③就能在家清洗

舉例來說，混麻的毛衣或罩衫、混毛的裙或褲等就能在家清洗。

❶先在不顯眼處確認是否會褪色。
❷用冷水或30℃以下的溫水稀釋清洗劑來製作清洗劑液。
❸摺疊裝入洗衣網，浸泡在清洗劑液10分鐘左右。
❹以裝入洗衣網的狀態，在洗衣機脫水15～20秒。
❺沉入乾淨的水中，靜置1分鐘。
❻重複④與⑤，再度脫水。
❼陰乾。

毛毯・窗簾等大件物品

毛毯或窗簾等大件物品，依洗濯標示有時可在家清洗，請仔細檢查。在洗衣機清洗大件物品時，把髒污的部分向外側裝入大號洗衣網，放入洗衣機。如果在浴缸清洗，在浴缸裝入10 cm高的水，倒入清洗劑後放入洗濯物，邊踩踏邊清洗。

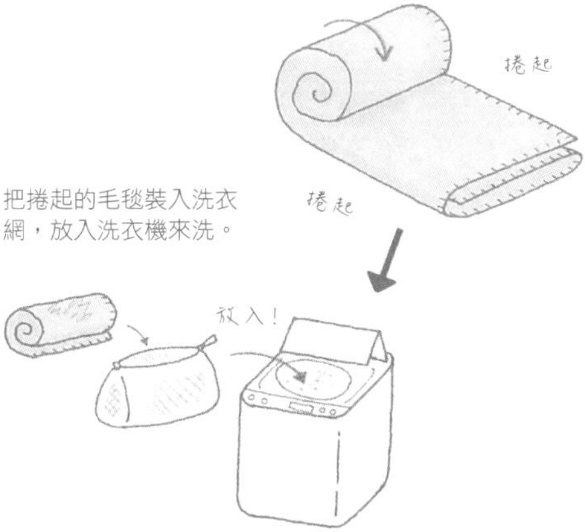

把捲起的毛毯裝入洗衣網，放入洗衣機來洗。

有些物品不能在家清洗——

聰明與洗衣店往來的方法

送洗時的要點

先把口袋掏空。希望去除污漬的部分，用縫線做上記號。此外，上下一套的套裝，如果分開送洗，有時色澤會有差異，因此建議一同送洗。

領取時的要點

確認是否是自己送洗的衣物，污漬或污垢是否去除，有無脫線，附件是否脫落等，領取後當場確認，否則經過一段時間就會引起糾紛。

取回後的要點

取回後，從塑膠袋取出吹風後再收納。否則清洗溶劑的蒸氣可能會導致發霉。此外，勿與髒衣物放在一起，因為蟲或霉可能會轉移。

如果發生洗衣糾紛

事實上最保險的作法是在送洗前當場檢查，讓店家親眼確認無誤。倘若未事先檢查，當衣物受損時，也要請店家追究原因。如果店家承諾賠償，就依重新購買價格與賠償比例來決定金額。另外也可參考經濟部商業司的「洗衣定型化契約」範本，以及不得記載事項之建議，請求洗衣業所屬的洗衣商業同業公會進行調解，以維護消費者權利。

希望牢記
聰明與洗衣店往來的 5大祕訣

1. 上下一套的套裝一同送洗
2. 首先指出髒污的部位
3. 領取後當場檢查是否去污
4. 取回後立即從塑膠袋取出
5. 取回後與其他衣物分開收納

●Lesson04

迅速、整齊晾乾

晾乾的基本方法

分辨擰乾法・晾乾法的標示

分辨擰乾法・晾乾法的標示，最後的成果就不會失敗。

擰乾法	晾乾法
用手擰扭去除多餘的水份，或短時間弱速脫水。	脫水後吊掛晾乾。
	脫水後於陰涼處吊掛晾乾。
不可擰扭或脫水，只能用手輕擠多餘水份後平放乾燥。	脫水後平放乾燥。

整齊晾乾的祕訣

脫水不超過1分鐘

脫水時間越長，從纖維就擰出更多水而起皺。脫水的基準，棉質是1分鐘，毛或麻是15～30秒。

脫水後立即晾乾

脫水後如果放置太久，就會導致起皺或孳生雜菌。因此脫水後立即晾乾。

先拍打再晾乾

從脫水機取出後，勿忘輕輕拍打。先用手拍打洗濯物再攤開，這樣就能減少起皺。這個步驟會影響之後的熨燙，請務必實施。

衣物的晾乾法

在上午10點到下午3點晾曬

氣溫高且濕度低的上午10點到下午3點最適合晾曬衣物。如果在沒有太陽時晾曬就會再度潮濕，因此萬一未晾乾就收到室內，隔天再拿出來晾曬。

從外側起依薄・厚・短・長交互晾曬為鐵則

為使衣物通風，從外側起交互晾曬短又薄、長又厚的衣物為要點。中央晾曬薄又短的衣物，相反側亦同。

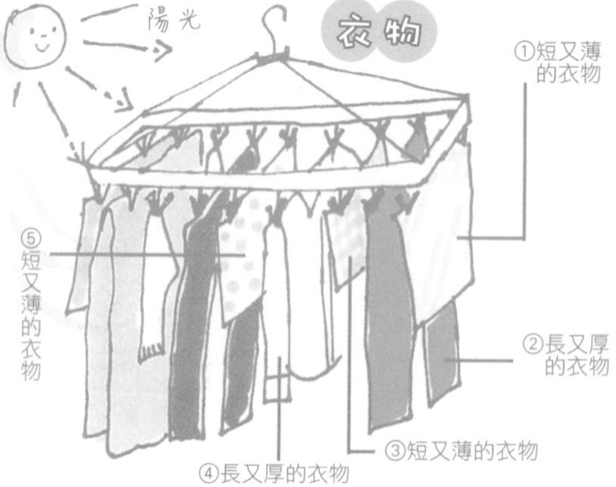

厚衣物的晾乾法

●長袖棉線衫

厚的長袖棉線衫不易乾，因此建議使用圖中所示的衣架來晾乾。把鐵絲衣架彎曲成「ㄟ」字型，穿過保鮮膜芯的圓筒即可。因為有厚度，風能貫通而快乾。

●毛衣

毛衣無法平放晾乾時，就把袖子對折以免下垂，然後搭在欄杆上，蓋上毛巾，固定邊緣就能防止變形。

●牛仔褲

祕訣是洗好牛仔褲後，在晾乾前翻面，然後拉直邊緣。之後，掛在圓盤式曬衣架上，就能保持圓筒形，也不會起皺。而且通風佳能快乾。

大件衣物的晾乾法

在狹小的陽台晾曬大件衣物時，摺疊後掛在2～3隻鐵絲衣架上即可。此外，如屏風般來晾曬也是一招。這樣不佔空間，通風也好而能快乾。

被子的晾曬法

白天晾曬2～3小時最佳

在上午10點～下午2點（冬天是1點）晾曬最佳。時間與次數依素材而異，棉質是曬太陽，每週2次，3～4小時；合成纖維是每週1次，2～3小時；羽毛被則在室內晾曬，每月1次，夏季30分鐘，冬季1小時為基準。

用黑色塑膠布來趕走塵蟎

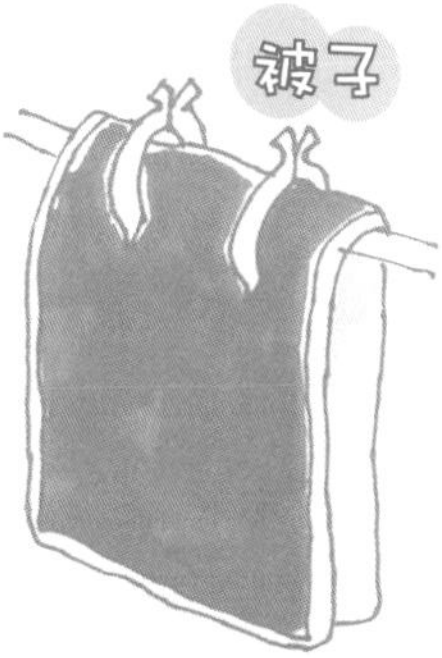

覆蓋黑色塑膠布來曬

以普通方式曬被子雖能去除濕氣，但卻殺不死塵蟎。此時只要覆蓋黑色塑膠布來晾曬，就能因積熱而趕走塵蟎。

●Lesson05

收納方法也要多下點工夫

熨燙‧摺疊的基本方法

分辨熨燙標示

熨燙	
	可熨燙，高溫度不超過210℃。
	可熨燙，高溫度不超過120℃。
	熨燙時須於織物上墊一層布。高溫度不超過150℃。
	不可熨燙。

熨燙前的事先準備

防止燙痕

為防止熨燙後的燙痕，把衣物翻面或蓋布來燙。覆蓋的布最好是棉紗布或手帕。

噴霧

如果想把棉質或麻質的襯衫燙得筆挺，就噴霧。全體潮濕後再燙。或者在洗濯後的半乾階段就熨燙。

熨燙的祕訣

●褲子

依口袋→拉鍊→褲腰→褲腿的順序

翻面後，先從口袋燙起。其次把拉鍊拉開，燙好周圍後，燙褲腰周圍。把毛巾夾在當中，全體燙好後翻到正面，蓋布來燙褲腿部分。

●針織類

太用力燙會壓扁。因此以吊掛在衣架的狀態，把熨斗靠近在全體輕輕移動，這樣就會平整。

●長袖襯衫

1 袖子

配合縫線整理形狀，燙整個袖子。

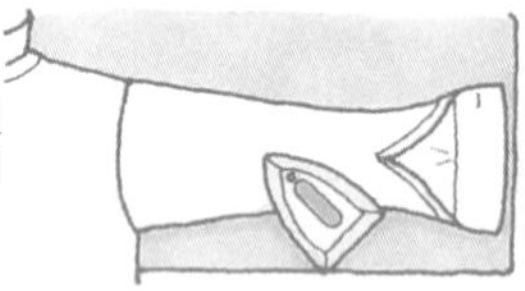

2 衣領

從邊緣往中央方向燙衣領的表裡。

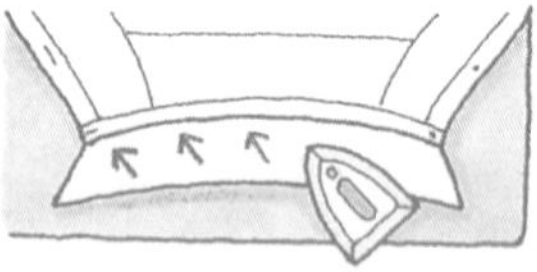

3 過肩

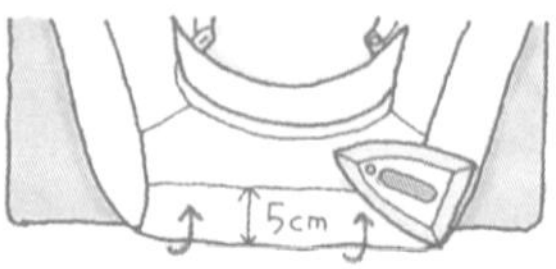

從背後的過肩接縫向下摺5cm來熨燙。

4 後面

把過肩恢復原狀，敞開後面。熨斗放在中央，向左右兩端來燙，把全體燙平。

5 前面

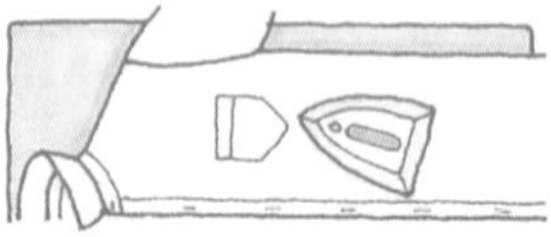

配合縫線整理形狀，從表面燙起。鈕釦周圍用熨斗的尖端來燙。

●西裝外套（夾克）

不易熨燙的西裝外套類，可利用椅背。把摺疊的毛巾放在椅背上再搭上西裝外套。蓋布，從肩部向下來燙就不會起皺，能簡單燙好。

熨燙的問題解決法

燙黃時！

把毛巾沾上稀釋2倍的醋，抹在燙黃部分。然後蓋布來燙即可。

燙鬆時！

翻面，把燙鬆部分靠向中央，熨斗離開布，利用蒸氣來燙。

燙焦時！

蓋上沾雙氧水的布，從上面來燙。雙氧水能漂白燙焦的部分。

不起皺的摺疊法祕訣

洗好、晾乾、燙平整後，如果最後的摺疊法不正確，一切辛苦就會泡湯。請牢記收納後也不會變形的摺疊法。

●長袖襯衫

扣上鈕釦，翻過來把兩隻袖子摺到背面。一隻袖子摺一摺就能減少摺痕。最後把下襬摺3摺。把捲起的毛巾放入肩與反摺的部分，就能防止摺痕。

●長褲・裙子

把保鮮膜芯的圓筒或捲起的毛巾夾在長褲或裙子的反摺部分，這樣可因圓筒或毛巾的弧形預防摺痕，想穿時就能馬上穿。收納時左右交互重疊放置，圓筒或毛巾的厚度就不會有所妨礙。

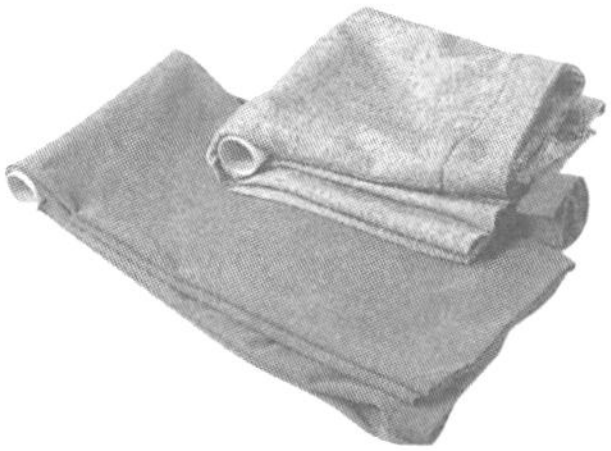

希望牢記

洗濯的5大祕訣

1. 一切從牢記洗濯標示的涵義開始
2. 分色、檢查是否褪色是避免麻煩的關鍵
3. 為了快乾，交互晾曬薄、厚、短、長的衣物為鐵則
4. 從局部開始向全體來燙是熨燙的祕訣
5. 預防摺痕，保鮮膜芯的圓筒或捲起的毛巾效果大

02:04

以整潔的房間為目標！

高明收納之道

The way to storage expert ●●

「房間太小，放不下物品」、「衣櫃太小！」，
在狹小的房間如何收納不斷增加的衣物或生活雜貨——
多數單身生活的人都有關於收納方面的煩惱。
於是在此依項目類別來介紹單身生活前輩們的收納祕笈。
必定能發現馬上能應用在你的房間的提示！

●Part 01

日用品、化妝品和
CD—
不斷增加

小東西的收納術

日用品

技巧1 依實用性來分類是關鍵

有提把就更方便

備齊塑膠製的藥箱，就能把化妝用具或存摺等，依種類別做出簡單分類。因為有提把，攜帶方便。

透明盒能使內容物一目了然

零碎物品分類放入透明的抽屜盒。可在10元商店等尋找適合的尺寸。

技巧2 細長的物品豎立集中收納

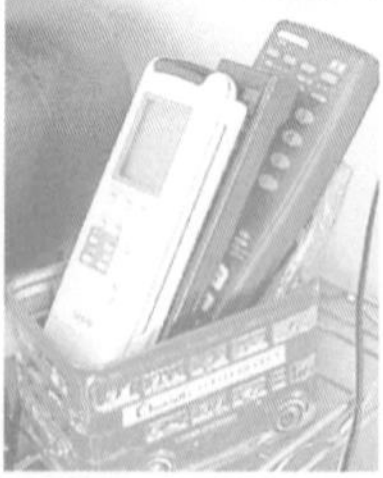

解決遙控器失蹤的問題

家電逐漸增加後，最容易失蹤的就是遙控器。只要集中收納在可愛的空罐，就不怕找不到。

紅茶的空罐最適合當筆筒

圖案漂亮的紅茶罐等可用在收納。集中相同種類的東西收納，就能顯得整齊。

技巧3 吊掛在手能搆到之處

用專用盒來吊掛

不知該放在哪裡的盒裝面紙，只要裝入專用的盒子，利用鐵絲吊掛在架上就能方便取用。

＋吸盤掛鉤來活用洗衣機的側面

洗衣機的側面可利用吸盤鉤來吊掛空罐子，收納小東西。裝入洗衣夾或小袋裝的清洗劑就很方便。

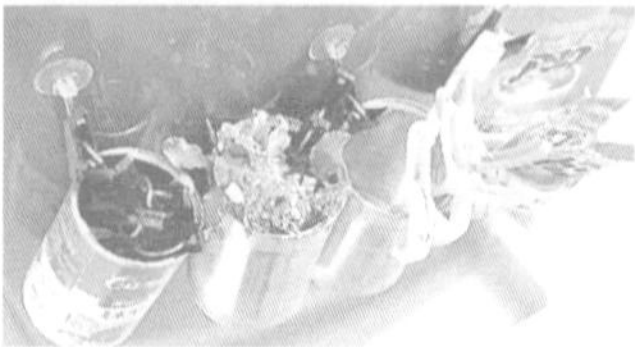

化妝品

技巧1 常用的種類「展示收納」

把木條架當作即席化妝區

木條架是不太為人熟悉的「萬用收納品」。豎立放置就不佔空間，立即變成一個化妝區。

技巧2 分成小份「容易取出」「容易收拾」

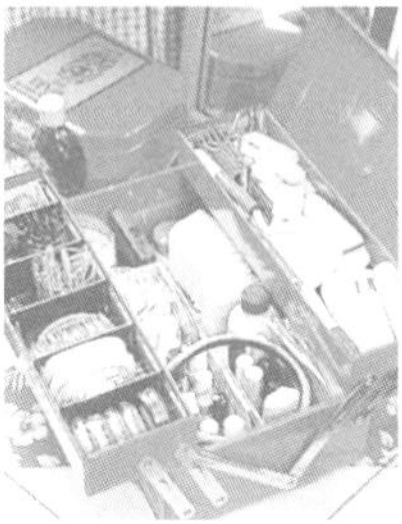

工具箱是分類的天才！

能確實分類各種釘子或螺絲等五金用品，因此適合用來收納化妝品。可左右敞開的滑動式更方便。

飾品

技巧1 可愛的種類可吊掛來展示

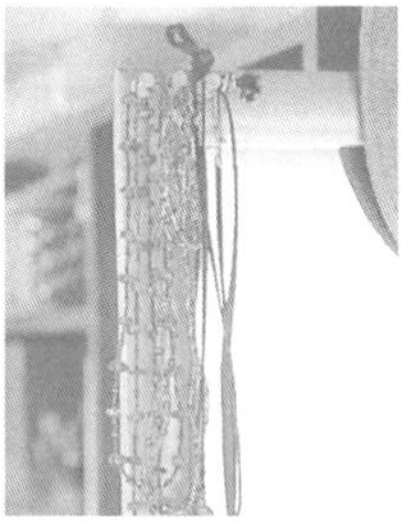

鏡子旁最方便

容易糾結的項鍊等，吊掛在釘入鏡子木框的釘子上，這樣就能美麗展示。

技巧2 髮夾類豎立收納

底片盒的利用價值大

尺寸相同的底片盒，最適合用來收納小東西。能確實分類細小的物品。

流行小東西

技巧1 能即時選用的吊掛方式最佳

鐵網＋S型掛鉤能大顯身手

在門扉背面裝置鐵網＋S型掛鉤來收納各式提包。家中的門扉背面都能變成收納空間。

繩子＋釘子來吊掛小物

在門扉背面拉繩子，用釘子（圖釘）固定，就能掛太陽眼鏡或提包等物件。領帶也沒問題。

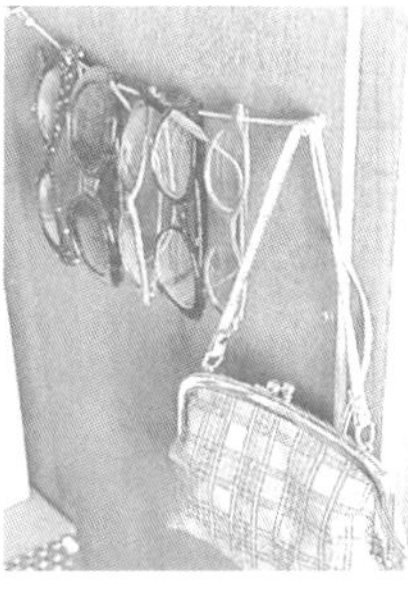

技巧2 蓬鬆物品集中收入箱子

自製的箱子方便

用膠帶來貼合鮮奶盒，外表再貼上布或紙，就能當作鞋類的收納箱。豎立放入就能省空間。

營造整潔的房間，
丟棄也很重要！

學習「丟棄的技術」！

1「總有一天會用到」的想法根本不會發生

如果因不知何時會用到而佔據寶貴的空間就太可惜。以6坪大的房間來說，如果房租是1.2萬元，那麼每1坪就是5仟元，1年就6萬元。如此想來，你認為還有留下來的價值嗎？

2 超過一定量、一定期間就丟棄

對服裝或雜誌等越來越多的物品，必須定下一套規則。舉例來說，「服裝僅留下抽屜裝得下的量」、「雜誌超過一個月就丟棄」等，考慮收納空間來設法嚴控總量。

3 不要害怕丟棄後會後悔

不丟棄的原因通常是害怕「丟棄後可能會後悔」。可是一旦處分後，幾乎不會發生後悔的情形。如果沒有勇氣丟棄，設置一個「暫時保管場所」也是一招。

雜誌・書籍

技巧1 以丟棄來省空間

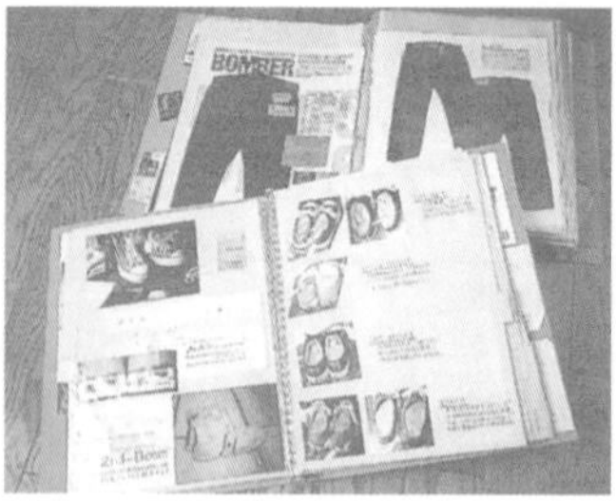

剪下想要的部分
集中裝入檔案夾

把想要的部分裝入檔案夾，剩餘的就加以處分。如此就能減量而使書櫃變得整潔。

技巧2 常用的種類「展示收納」

堅固的提袋
可代替雜誌架

在狹小的房間沒有放置專用架的空間。因此裝入提袋來代替就可輕鬆拿到希望閱讀的場所。

豎立收納容易取出
裝訂精美的書籍
可當室內佈置雜貨

裝訂精美的書籍，隨意放置看來也很漂亮。可裝入藍子或用來裝飾壁面。

技巧3 捲起來就不佔空間

用葡萄酒提袋
來裝雜誌

葡萄酒提袋的材質堅固，把雜誌捲起裝入，最適合收納細長的物品。吊掛在長樑或棧可裝飾房間。

活用葡萄酒架
來收納雜誌

1瓶份葡萄酒洞可容納3本以下的雜誌。不限於本來的用途，也是成為高明收納的捷徑。

技巧4 以吊掛方式就能展示收納

方便立即取用

透明的大型壁袋不只能收納雜誌，裝入文具或ＣＤ也能使內容物一目了然。

文件・明信片・廣告傳單

技巧1 重要的書籍・明信片豎立分類

刀叉湯匙籃方便

用來裝刀叉湯匙的籃子，大小接近普通郵件的尺寸，準備數個就方便收納。

在衛生紙架豎立收納就方便

收納賀年卡或明信片時，最適合豎立收納的衛生紙架（立盤）方便。收取和分類都很方便。

技巧2 利用普通的檔案夾來整理

貼上標籤
就容易辨識內容物

購買收納用品時，必須考慮日後添購的可能性，因此選擇普通最常見的項目。種類相同，陳列多個也不會顯得雜亂。

技巧3

不用物品再利用做為壁面收納

網袋最容易取出

隨時想取出來看的廣告傳單類，可裝入不用的網袋。如果很輕就能吊掛在牆上。

錄影帶空盒適合裝信件

把不要的錄影帶空盒貼在牆上，用來收納郵件。因為輕，用圖釘或膠帶就能簡單裝置。

CD・唱片

技巧1

「方便挑選」重要的CD以豎立收納為基本

豎立在專用架就能看到包裝外盒

漂亮的包裝外盒可活用在室內佈置。而兼具裝飾與收納功用的CD架值得推薦。

豎立收納在39元商店的籃子

39元的籃子有各種尺寸。用來收納CD正好，也能整齊排放而美觀。

技巧2

活用壁袋來裝飾壁面

壁袋最適合收納CD

把CD裝入壁袋就能做「展示收納」。想聽時也好找。

技巧3

選擇尺寸剛好的家具

佔空間的唱片也能不浪費的收納

佔空間的唱片，可尋找尺寸正好的架子來收納。把低矮的架子橫放排列就不會產生壓迫感。

添購小型架也可以

如果是小型適當的架子，就不佔空間。CD增加後再添購相同類型的即可。

技巧4

不聽的就收藏起來

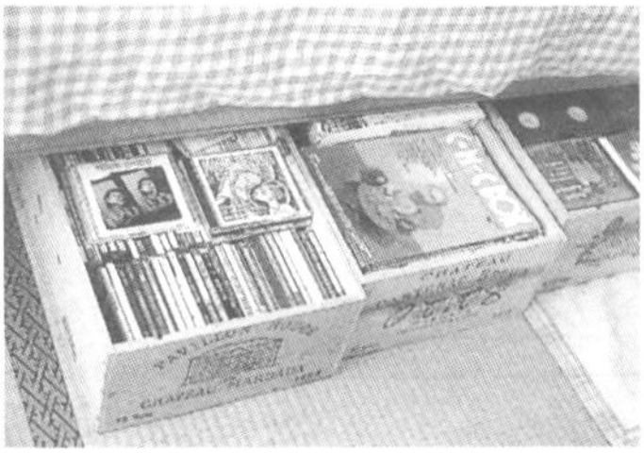

葡萄酒木箱正好適合CD的深度

雖然有很多CD，但平時常聽的通常只有少部分。剩下的部分可裝入葡萄酒木箱，藏在床底下。

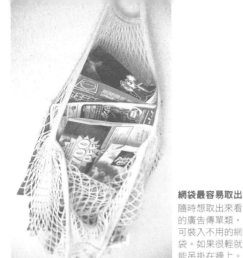

●Part 02

西裝因體積大
而讓人煩惱

服裝的收納術

技巧1 經常想到「不要起皺」

過季的服裝裝入行李箱

把過季的服裝捲起，裝入佔空間的空行李箱內，就能防止起皺。

長褲用保鮮膜芯的圓筒防止起皺

把保鮮膜芯的圓筒套在長褲衣架上，就能防止長褲有摺痕。縱向排列就能有效活用空間。

技巧2 以吊掛的技巧來消除空間不足

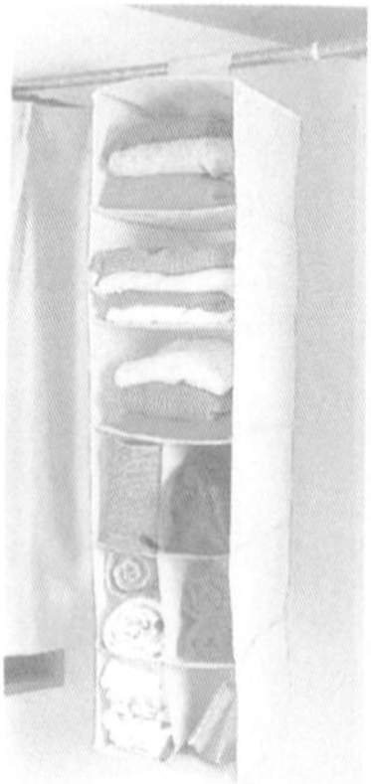

沒有衣櫃也不要緊

即使沒有收納空間也不用擔心，利用吊掛型的架子，就能利用高處的空間來收納服裝、毛巾、鞋等物品。

技巧3 最大限度活用壁櫥

層架＋收納盒可消除空隙

組合收納用品，最大限度活用壁櫥，就不必擔心大量的服裝、小東西類無處收納。

●各季節的收納．3大法則

1 去污後再收納

如果未去污就收納，可能成為發霉或污漬的原因，因此水洗或乾洗後再收納。

2 不要混合2種以上的防蟲劑

混合不同種類的防蟲劑，可能會引起化學變化而產生污漬。此外，把對二氯苯用在有金屬釦或金銀絲緞的衣物時，可能導致發黑，請注意。

3 防蟲劑放在衣物的上方

從防蟲劑發出的氣體比空氣重，因此防蟲劑要放在衣物的上方而非盒底。

技巧4 以「捲起」「豎立」來大量收納

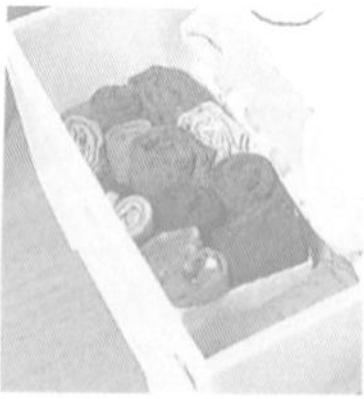

不起皺的衣物可捲起收納

襪子捲起豎立放入抽屜，不僅好整理，也好找。可利用面紙的空盒自製成隔間。

豎立收納就能容納2倍

豎立比平放重疊能多出約2倍的收納量。而且從上方可一眼看到內容物，很快找到想穿的衣物。

●Part 03

讓有限的空間
變得實用又整潔

廚房用品的收納術

技巧1 39元商店的籃子最適合分門別類收納

分門別類來收納
親自下廚就輕鬆

39元的籃子隨時都能買到相同款式，非常方便。隨著居家用品的增加慢慢添購，也能顯得有統一感而值得推薦。如果是半透明籃子，排放數個也不會有壓迫感。可依廚房用品或餐具、調味料等來分類收納。

技巧2 以吊掛方式提高親自下廚的效率！

樹枝＋S型掛勾
讓廚房變得整潔

把撿來的數枝與自己用鐵絲做成的S型掛勾組合，吊掛平時常用的廚房用品。掛在能立即取用的地方，親自下廚時就能更順暢。

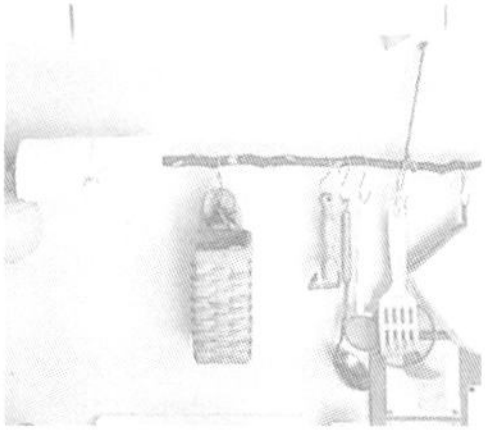

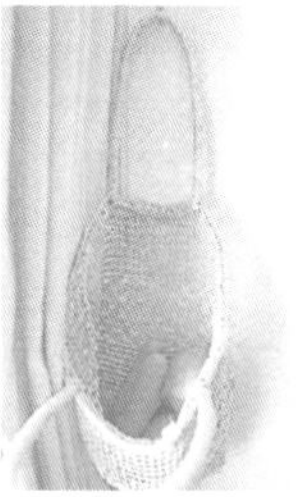

根莖類蔬菜
裝入提袋掛起

根莖類蔬菜裝入通風佳的袋子就能長時間保存。利用不用的提袋掛起來也顯得美觀。

壁袋在廚房
也能派上用場

分類收納的有力夥伴當屬壁袋。不僅可收納刀叉湯匙，收納乾貨等烹調用品也方便。

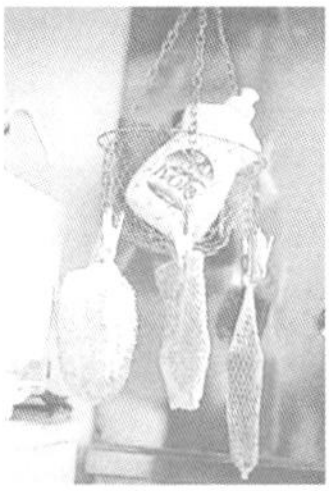

廚房的通風
也很重要

海綿（菜瓜布）吊掛來收納，就能避免潮濕的狀態。用洗衣夾夾起吊掛來自然乾燥。

技巧3 餐具基本上「豎立」「重疊」

集中重疊
放入籃子

每天使用的餐具如果想放在房間內，就集中放入竹籃，如此想用時就能立即取用而方便。

盤子豎立放置
就能容納3倍

大盤重疊放置不易取用，如果豎立收納在面紙架上，就能超乎想像收納多量。

技巧4 調味料貼上標籤就容易辨識

貼上自製的標籤
來區分內容物

烹調時常用的基本調味料，可裝入相同款式的空瓶。貼上自製的標籤，就不必擔心搞錯內容物。

技巧5 水槽下方也徹底活用

門的背面可當作
塑膠袋的存放空間

流理台水槽下方門的背面可當作塑膠袋專用收納空間。設法活用死角是邁向室內整潔之道。

●Part 04

消除生活感的
最大要點

衛浴的收納術

技巧1 狹小的套裝浴室以吊掛為主

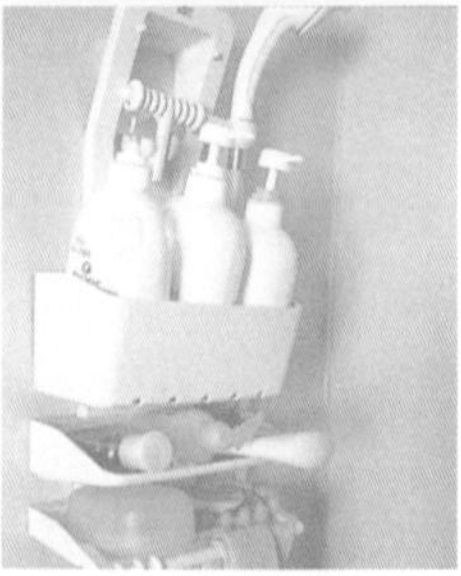

利用市售的收納用品

把市售的收納用品裝置在蓮蓬頭的掛勾上，就能收納大瓶洗髮精等。

以竹篩＋繩來自製吊架

把繩子穿過竹篩就能自製吊架。掛在浴缸旁，沐浴中一伸手就能拿到而方便。

技巧2 高處的空間也不能忽略

利用伸縮桿架來增加收納的空間，就能集中收納清潔劑或毛巾等用品，如果再用布簾遮掩就更完美。

利用伸縮桿也能在高處出現架子！

橫放在浴室或玄關天花板等狹小空間使用的伸縮桿架，也適合衛浴空間的收納。

技巧3 毛巾的第一要件是「容易取出」

收納的要點是「豎立」

毛巾摺疊與捲起來收納，如果豎立就能收納得更多，取出時也更方便。

技巧4 「遮掩」就能趕走生活感

只要有一塊布就能簡單遮掩

清洗劑等用品會呈現生活感的包裝不想讓人看到。但只要有漂亮的籃子與布就能解決這個煩惱。

裝入提袋來遮掩

不想讓人看到的日用品，可裝入提袋或紙袋等來遮掩。這樣即使放在房間也不要緊。

利用市售的面紙套讓衛生紙變得可愛

利用市售的面紙套來消除生活感，如此即使任意放置也可愛。

●Part05

利用這些地方
就能高明收納

壁櫥・衣櫥的活用術

電視、音響、書籍、CD—充分活用空間來收納

平時不用的物品就收在最裡面，常用的物品就放在前面，配合生活模式來配置。放入電視或音響等家電，就能使房間更寬敞。

推車、磚塊、木板—都可加以利用

廚房推車可收納厚上衣，磚塊與木板組合的架子可收納下身。最後卸下拉門，加裝布簾來遮掩。

放入層架更能提高功能

深而不好用的壁櫥，如果放入層架就能變成好用的衣櫥。收拾得非常整潔，在人前打開也不會感到難為情。

佔地方的電腦桌收進去

服裝或清掃用具不用說，連電腦桌也能納入衣櫥，如此就能有效利用房間。把床當椅子來用即可。

組合現有的家具來使用

卸下拉門、裝上布簾，壁櫥就變得更實用。下層連很寬的四斗櫃都能容納，如此就方便收納衣物或雜貨。

●Part 06

這樣就能提高收納力！

收納用品的選法

收納用品的正確選法

●購買時不要忘記帶布尺

為能有效活用有限的空間，希望正好吻合放置的場所，不會形成死角，購買前正確測量，就能完全收納想收納的物品。

●避免華麗的色調，選擇同色

華麗的色調或雜色的用品會使房間顯得雜亂、狹小。建議統一採用簡單的色調就不會造成壓迫感。

●取出物品的程序不超過2次

開鎖、開蓋等，取出物品的程序越多，收拾起來就越麻煩。選擇無蓋的收納用品，或蓋子結構簡單的物品才是正確的做法。

●幫助收納你的房間值得推薦的用品

39元籃子最適合整理小東西

形狀、大小各異、種類繁多的39元籃子，堪稱分類收納的萬用品。

選擇吻合層架尺寸的用品

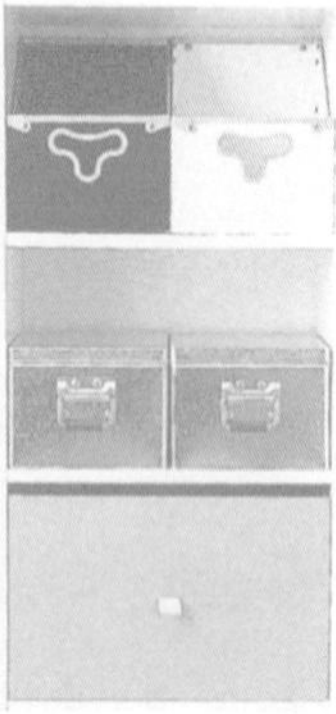

（上）也可用來分類文件。（中）有蓋的盒子可收納不想讓人看到的物品。（下）加裝抽屜就變成矮櫃式。

（上）方形籃也可當抽屜使用。（中）在1層放2個籃子就能分類收納。（下）堅固的箱子可收納工具等。

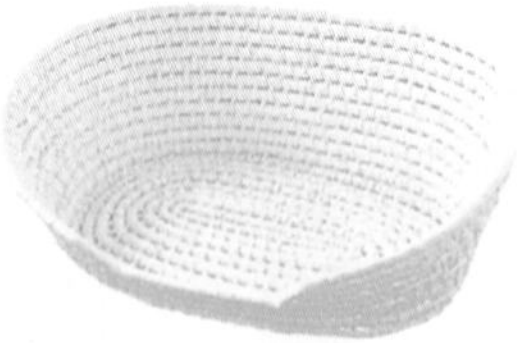

收納體積大的提袋等

大型籃子可集中收納提袋或清掃用具，非常實用。

使用多個廉價棉布袋來分類收納

用來收納文件或雜誌等就能遮掩。也可吊掛在壁面。

希望牢記

5大高明收納之道

1 分類是高明的收納關鍵
2 多採用「豎立」、「捲起」、「吊掛」的技巧來提高收納力
3 收納常用物品時以容易取出為原則
4 統一收納用品的色調就能顯得整潔
5 活用牆壁、高處的死角

第三章

How to save and keep your money

告別缺錢生活！
與金錢聰明往來的方法

在老家時，
大部分的收入可能都是能自己自由運用的金錢。
但開始單身生活後，
房租、餐費、水電費等花費都是每月的固定支出！
如何支配有限的金錢、快樂的生活—
只要閱讀本章，你就會恍然大悟！

CONTENTS

03:01

自己管理金錢！

第一次的家計簿課程

How to account household ●●

有別於不必支付房租、餐費、電話費的老家生活，
單身生活凡事都要自己出錢。
為免「一察覺時已經一毛不剩！」，必須確實把握金錢的用途。
而最適當的做法就是詳記家計簿。
請跟著這裡教導的家計簿記法與祕訣來嘗試看看！

首先檢視令人擔心的單身生活的金錢狀況！

*左列數據由「中時電子報」於2005年4月以台灣家戶電話為樣本，成功訪問1093名受訪者。年齡層為18～50歲。

存款有多少？

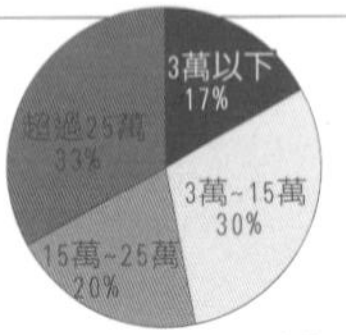

平均25萬元

3萬元以下的人僅佔17%，多數人有6位數的存款。而且達到25萬元以上的人佔3成！這些錢該如何存起來，必須善加理財。

每月的儲蓄額？

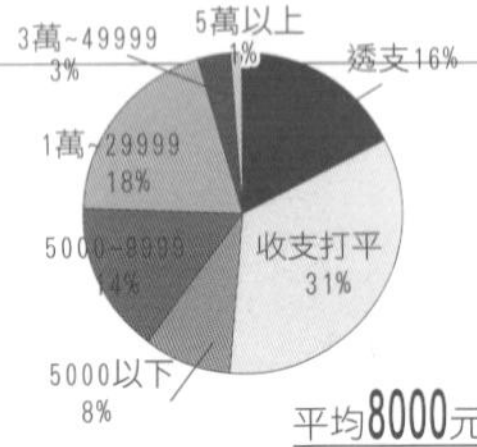

平均8000元

最高額是每月5萬元，最低額卻是「透支要如何儲蓄，等於零」的結果。最不可思議的是，收支打平的人數竟高達31%。因此，若考慮到「未來」，必須積極儲蓄。

實領的月收入？

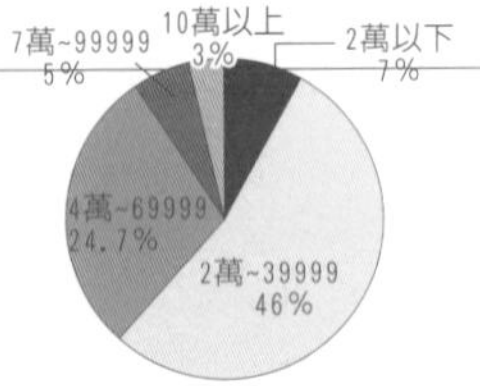

平均3.5萬元

2萬到4萬元之間最多，然而也有人每月僅靠2萬元生活。必須從月收入中支付房租與水電費、餐費，因此單身生活很辛苦，非節省不可！

每月的花費明細？

餐飲費	平均	10000元
水費	平均	400元
電費	平均	1000元
瓦斯費	平均	800元
電話費	平均	1000元

未裝市話的人不少，因此「電話費」多半即是行動電話的費用。此外，餐費是親自下廚費＋外食費的數字＋飲料費。

是否記家計簿？

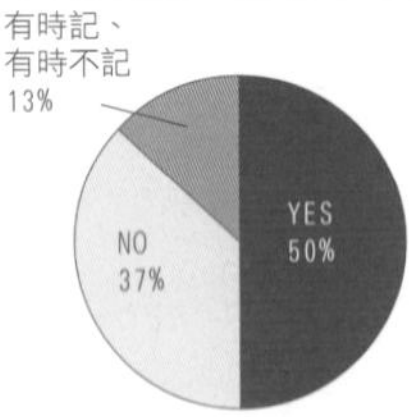

半數回答「是」。記入的方法，手記家計簿的人最多，使用電腦家計簿也不少，當詢問回答「NO」的人理由時，大多數回答「太麻煩」或「不能持之以恆」。

目標儲蓄額？

1 30萬
2 10萬
3 100萬

可能是比較容易達到，因此回答30萬的人佔30% 以上，回答100萬的人也不少。

訂立目標儲蓄的目的？

1 旅行　**3** 車・備不時之需
2 搬家　**4** 結婚資金

單身生活與搬家一直有十分密切關係，這部份尤其要留意。另外，第5位是「電腦設備資金」，依賴電腦，也是單身生活的常態。

●Lesson 01

為能把握收支
檢查自己的金錢流向

記家計簿前
對金錢的用法要有危機感！

提到「節約」，立即浮現腦中的是記家計簿。但突然開始記，也只不過是記帳而已。首先必須了解自己金錢大致的流向，把握浪費在何處。對此產生危機感，記家計簿才有意義。確實把握前階段，才能有效活用這種家計簿。

Step 1 過1個月普通生活來掌握自己的收支

做法很簡單。從領薪的當天到下次發薪日的1個月間過最簡單的普通生活。不必特別刻意節約，但條件是不使用當月領薪以外的金錢。若要正確了解每個月的收支明細，最重要的是過最簡單的普通生活。

Step 2 計算每個月能存多少錢

1個月後，手頭上的錢還剩下多少？這就是你每個月能存錢的金額。如果中途因不夠而用到本月薪水以外（存款或借貸等）的錢，就要注意！必須重估生活，改善家計，這樣就能看出自己的金錢流向。

理想的家計簿	
房租	30%
餐費	16%
電費	2%
瓦斯費	2%
水費	2%
交際費	8%
治裝費	8%
雜費(含交通費)	7%
電話費(含網路費)	5%
保險費	2%
儲蓄	14%

這只是一種參考基準，但對照月收，各支出變成如上表的比例來生活時，就能過得很愉快。譬如實際月收入30000元，那麼房租為9000元，餐費是6000元，瓦斯．水費．電費各600元，交際費2400元，治裝費2400元，雜費2100元，電話費1500元，保險費600元，儲蓄4200元為基準。

月收入　　$

－

固定支出的金額	
房租	30%
保險費	16%
電話費（基本費）	2%
手機費（基本費）	2%
網路費	2%
第四台費	8%

＝

每個月可用的剩餘金額　　$

假使有3萬元的月收入，但如果扣除「固定支出的金額」，就所剩不多。其他如果還有貸款或補習費等固定支出，也必須算在內。因此記家計簿就能有助思考剩餘金錢的高明用法。

●Lesson 02

配合生活模式

思考家計簿的帳目

設定帳目的要點

為活用家計簿，設定自己方便使用的帳目很重要。市售的家計簿帳目大同小異，但未必適合自己。要點在於設定容易了解的費用，不必煩惱花費的錢應列入哪個帳目。

單身生活特有的分類！

$ 裝扮費

化妝品與服裝、鞋等不用說，還包括出門購物所花的車資或美容院費等。以往隱藏在其他帳目的花費，獨立設定為「裝扮費」的帳目，或許就能看出超乎想像的金額！

$ 外食費

不要僅設定「餐費」一項，推薦單身生活的人最好獨立設定為「外食費」。如此可能會因花太兇而想開始親自下廚。常與朋友飲酒的人，另外設定「飲酒費」也是一種做法。在家計中佔很大比例的餐費若細分帳目，就更容易了解生活的平衡。

$ 便利商店費

便利商店因位於從學校或公司返家中途而常順路進入的場所，而且商品齊全，即使沒有想買的物品也會進去逛逛，如此就容易購買不需要的物品。只要獨立設定「便利商店費」，就能看出浪費不少錢。此外，便利商店多半是定價販售品，因此把在便利商店花費的金額換算成在超市等的花費，就可看出能省下多少錢。

$ 藥妝店費

從衛生紙與牙刷等日用品到化妝用品、感冒藥或營養補助品等，與生活相關商品琳瑯滿目的藥妝店，是單身生活的有力夥伴。因「便宜」而整批購買的人可能不少，如果經常在此消費，就與「日用品費」分開，另外設定獨立的帳目，如此就能把握支出。

$ 交際費

舉例來說，晚餐想親自下廚的日子，朋友打電話來邀約一起去餐廳，這種情形就不列入「餐費」而列入「交際費」。打電話給朋友聊天的電話費，或朋友來家裡玩的零食或飲料的費用也算在內。如果這種費用花太多，可能有必要提起勇氣加以拒絕。

●Lesson03

為管理金錢

立即記家計簿

1 分袋裝入現金

point
- ●不必記筆記本
- ●可看到現金而容易產生節約意願
- ●容易節約公共事業費

首先把當月使用的金錢依帳目分開

在入帳日把當月能使用的金錢，配合自己的帳目把房租、保險費、交際費、餐費等分袋裝入。

區分帳目時，建議也準備公共事業費用袋。因為公共事業費即使再節約也省不了多少，而容易降低節約意願。分袋裝入現金，用這些錢來支付費用，就能看出節約多少錢而有激勵的作用。

然後再按週別分袋裝錢

除房租或保險費等，每月繳一次的支出以外，把餐費、交際費、治裝費等，再按週別分袋裝入現金。需要時就從該帳目的袋子取出錢來使用，然後把收據或發票裝入袋子。按週支配袋中的錢時，因期間短而更能精打細算來用錢。如此分袋裝入現金，比看存摺的數字對金錢更有概念而想要節約。此外，也能了解每週的節約程度而湧出「下週要更省！」的衝勁。

月底把握自己的用錢方法

月底算算袋中剩下的錢，確實把握自己在哪個帳目花費多少。能節省的帳目，下個月就少裝一點錢，然後把剩下的錢存起來。

2 筆記本式家計簿

在個人行事曆記下花費金額，由於體積小能隨身攜帶，有空就記，既方便又能持之以恆。如果是眾人分攤而沒有收據的支出，只要對照行事曆就能加深印象。

point
- ●隨時隨地都能記下
- ●不會忘記
- ●輕便又簡單，不必區分帳目

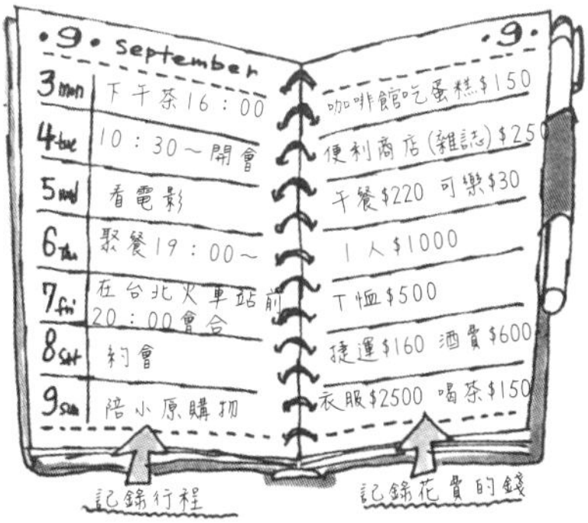

3 活用存摺的家計簿

point
- 不必記入筆記本
- 當月花費的錢一目了然

先分別開3個銀行帳戶

先準備「存入用」與「支出用」、「儲蓄用」等3個帳戶。每月薪資匯入存入用帳戶時，再提領必須支付的錢ⓐ與必要的生活費ⓑ，轉入支出用帳戶。當月的支出就全部從支出用帳戶來支付，房租或公共事業費ⓐ等，全部從支出用帳戶來支付。在支出用帳戶的存摺記載提領ⓐ的明細，再記下自己提領金額ⓑ的明細，這樣當月花費的錢就能一目了然。下次快到發薪日之前，就把存入用帳戶與支出用帳戶剩下的錢轉入儲蓄用帳戶。如此處理，每月自然就能存錢。

固定支付的費用＝ⓐ	
房租	台幣
保險費	台幣
報費	台幣
借貸	台幣
電費	台幣
瓦斯費	台幣
水費	台幣
電話費	台幣
行動電話費	台幣
第四台收視費	台幣
網路費	台幣
合計	台幣

其他的生活費＝ⓑ	
餐費	台幣
治裝費	台幣
化妝品費	台幣
交際費	台幣
娛樂費・補習費	台幣
日用品費	台幣
預備費	台幣
合計	台幣

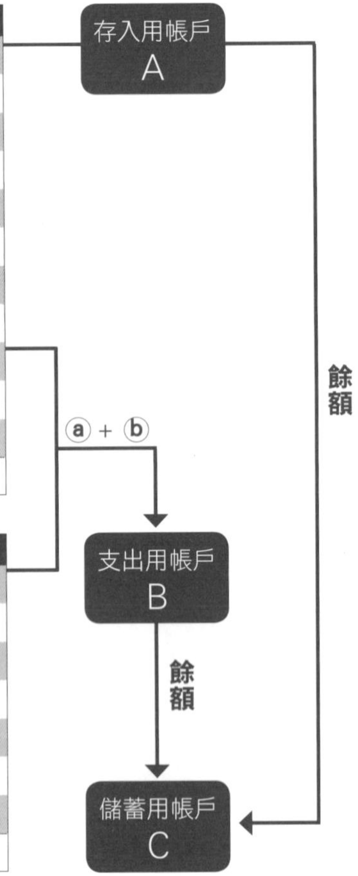

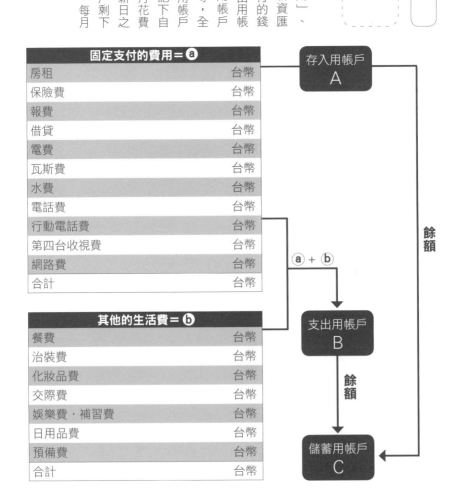

4 電腦家計簿

point

- ●各月的統計簡單
- ●每月帳目的增減一目了然

使用表格計算軟體

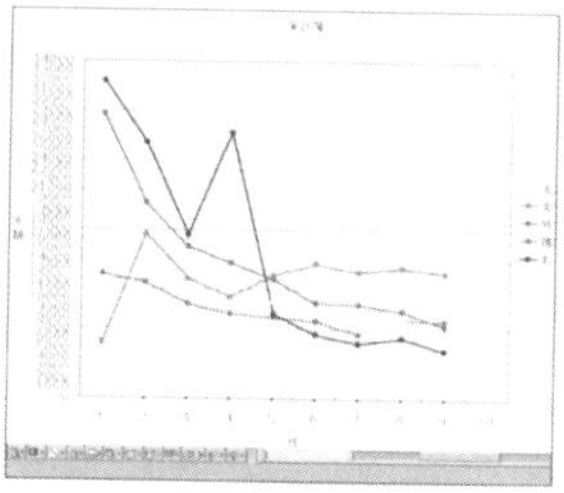

使用電腦時，只要點滑鼠就能出現家計狀況的表。一眼就能看出每月帳目的增減，而能激勵節約。軟體除可購買市售的之外，也能上網免費下載，方式很多。

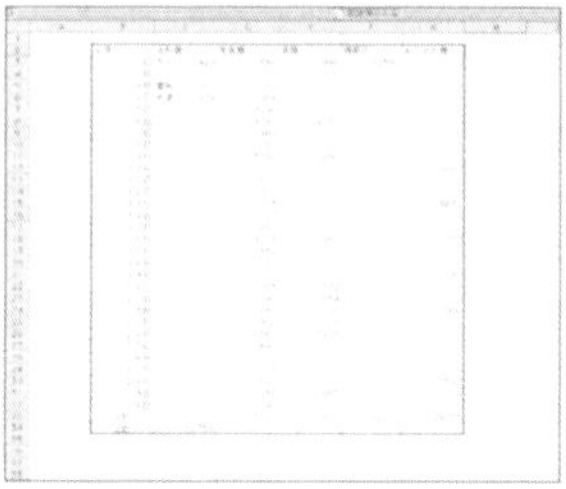

記家計簿最麻煩的作業就是計算，而電腦的優點是一下子就能算出。上面的電腦畫面是只要輸入各個金額就能正確算出合計金額的表格計算軟體「Excel」。瞬間就能完成每月的統計，非常簡便！

5 每週家計簿

point

- ●因為是以1週為單位，而能輕鬆統計
- ●可自己設計獨有的帳目區分

在筆記本貼上一週份的小袋

準備筆記本，在封面背後貼上一週份的小袋，把每天花費的收據裝入。如果希望在週末一次分門別類，準備「其他」袋就方便。

自製適合自己的家計簿

利用筆記本自製自己獨有的家計簿，每週一次檢查小袋內的收據來統計。按星期來保管就不會擔心遺失。此外，筆記本的空間大，能設定適合自己的各種帳目。

本週的支出費	
外食費	台幣
糕餅・飲料費	台幣
裝扮費	台幣
交際費	台幣
娛樂費	台幣
日用品費	台幣
藥妝店費	台幣
預備費	台幣
合計	台幣

等	治裝費	美容	朋友情人	娛樂補習	日用品				其他

首先記入1個月自己獨有的家計簿！

	月

本月的預定		
收入	實收	
	上月累計	
大致固定的支出	房租	
	保險費	
	借貸	
	電費	
	瓦斯費	
	水費	
	電話費	
	行動電話費	
	第四台收視費	
	網路費	
本月能自由使用的金錢		

希望牢記 家計簿的寫法5條

1. 先把握現狀的金錢流向
2. 每月固定的支出不當作節約對象
3. 設定適合單身生活的帳目
4. 自製適合個性或喜好的家計簿
5. 分析統計結果有助下次的節約

家計簿的用法

首先填入左表，算出自己這個月可使用的金錢。其次，在右邊的家計表，以自己的入帳日為基準填入日期就可開始。先省略細部的明細，只記入花費的金額是持之以恆的要點。此外，如果每天記嫌麻煩，也可每週一次僅填入「本週的合計」欄。「CD費」、「陶藝補習費」等在此未列入的帳目，就使用右邊的空欄來添加。在月底合計5週份，檢討當月的收支，把該頁影印成12張，加大成好用的尺寸，就能持續記1整年。

本月的結果	
第1週的支出合計	
第2週的支出合計	
第3週的支出合計	
第4週的支出合計	
第5週的支出合計	
本月的支出合計	
	台幣的 結餘／透支

本月是 ______ 台幣存款多少！

memo

週	日	食材	外食
第1週	( )		
	( )		
	( )		
	( )		
	( )		
	( )		
	( )		
本週的合計			
第2週	( )		
	( )		
	( )		
	( )		
	( )		
	( )		
	( )		
本週的合計			
第3週	( )		
	( )		
	( )		
	( )		
	( )		
	( )		
	( )		
本週的合計			
第4週	( )		
	( )		
	( )		
	( )		
	( )		
	( )		
	( )		
本週的合計			
第5週	( )		
	( )		
	( )		
	( )		
	( )		
	( )		
	( )		
本週的合計			
本月的合計			

03:02

積少成多！

公共事業費的節約法

Try to cut down on public utility charge ●●

單身生活最先要面臨的支出就是電費、瓦斯費、水費等公共事業費。在老家時自然而然使用的水電或瓦斯，現在多用就要多付，因此必須重新檢討。為省下２仟元，用來裝扮或儲蓄，必須學習在此介紹的聰明節約法！

※本頁的公共事業費，是以1個月＝4週或30天、1年＝50週或365天來計算。此外，水電費．瓦斯費的基本費不算在內。

●Part 01

為不隨便浪費水

水費的節約法

水費的架構

有關水費，用水越多收費就越高。單身生活1天的用水量平均400ℓ。依居住場所或水管的口徑，基本費差很多，因此不能一概而論每月支出的基準，但如果1天大幅超過400ℓ的用法，可能就太浪費，建議重新檢討每天的用水量。

用在何處、用量多少？

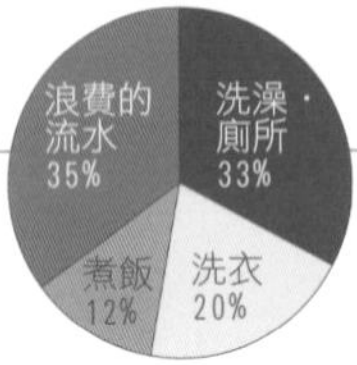

例如1天上廁所2次、刷牙2次、洗衣1次、沐浴、煮飯2次。大約會用上700ℓ。這種生活如果持續1年，就消費2ℓ裝寶特瓶約13萬瓶份的水。依據另外的統計，如上圖所示，全體的35%其實都是浪費。而這種量約4萬5千瓶！

水持續流1分鐘就會浪費12ℓ！

讓水持續流1分鐘，就會浪費12ℓ的水。因此用水時要多加留意這些無形中會浪費的水量。

節約水費的祕訣

洗衣

祕訣1 集中在週末洗衣

與其放到隔天再洗，不如集中在週末洗較為划算。如果每月用洗衣機洗少量衣物15次（使用約230ℓ），每月就會用掉3450ℓ的水。而每月用洗衣機洗大量衣物4次（使用約333ℓ），每月只用掉1332ℓ。1年就能省下不少錢。

祕訣2 利用泡澡後的水

利用泡澡後的水來洗衣，要比注水來洗更省。注水洗的用水量大約300ℓ，但利用泡澡後的水，只需用到洗衣機運轉到最後洗淨時的約150ℓ而已。

祕訣3 輕微的髒污就用快速段來洗

通常以為快速段不容易洗乾淨，但如果衣物的髒污只是輕微就沒問題。比標準段能省水30％，因此以毛巾等不太髒的衣物為主，把每週2次的洗衣改為1次快速段，如此也能省下一點錢。

祕訣4 洗衣時用儲水來沖洗

洗衣時使用儲存的水來沖洗就能避免浪費流水，能節省以注水來沖洗。如果以注水來沖洗，1次的差約55ℓ。

廚房・洗臉

祕訣5 用1杯水刷牙

如果開著水龍頭以持續流水的狀態來刷牙，1分鐘就浪費12ℓ的水。但如果倒入杯中來漱口，就只用到200mℓ，這樣1年下來，節省量也不少。

祕訣6 用儲水來洗餐具

如果開著水龍頭持續流5分鐘來洗，就用掉60ℓ的水。但用儲水稀釋清潔劑來洗，最後再沖洗2分鐘，就只會用掉24ℓ的水。把大件餐具放在下方，從小件餐具開始沖洗就更有效率。

浴室

祕訣7 如果沐浴時間不超過21分鐘就用淋浴

如果在浴缸沐浴，浴缸的熱水200ℓ＋淋浴5分鐘・60ℓ，合計用掉260ℓ的水。但15分鐘的淋浴僅用掉180ℓ。每天沐浴，一年就能省下幾百元。但如果淋浴的時間超過21分鐘，就會用掉264ℓ，因此浴缸沐浴較節省。

祕訣8 換成省水型蓮蓬頭

把蓮蓬頭換成省水型就有省水30％的效果。而且水勢不變。

●Part 02

隨手關瓦斯

瓦斯費的節約法

瓦斯費計算

目前瓦斯費以基本費計算：

每月基本費
+
每月實際使用度數
×
每度單價

基本費：
一般機械錶60元起跳；微電腦錶100元起跳。

每度單價：
15.02元
（2007年台灣地區瓦斯計價行情）

節省瓦斯費的祕訣

廚房

祕訣1 烹調使用廣底鍋、開中火

譬如煮沸2ℓ的水，使用直徑24cm的鍋比起使用16cm的鍋的瓦斯費更便宜。在火力方面的瓦斯費依序是中火↓大火↓小火，可見中火較節省。因此，使用廣底鍋、開中火，要比開小火、窄底鍋還划算。

祕訣2 降低熱水器的溫度

使用10分鐘40℃與38℃熱水的瓦斯費，兩者雖然相差甚小，但若以早晚2次各使用10分鐘的熱水器，一整年卻也能省下不少錢。如果洗餐具，溫水程度的溫度就夠了。

祕訣3 改用微波爐來煮

就拿煮馬鈴薯來說，微波爐只需要9分鐘，而瓦斯需要15分鐘。假使1天煮1次，使用微波爐來煮就能省錢。

祕訣4 從熱水開始煮

就拿煮義大利麵來說，用熱水器的熱水來煮要比從冷水開始煮更快煮好，進而節省瓦斯費。如果每週煮2次2ℓ的熱水，一年就能省下少數瓦斯費。

浴室

祕訣5 淋浴時間減少1分鐘

如果每一次淋浴減少1分鐘，瓦斯費就能節省一點點，雖然不多，但還可藉此省下水費與電費，可謂雙管齊下的節約法。

●Part 03

用最多的是電費

電費的節約法

電費計算

電費架構

電的計量單位是「度」（KWH、瓩時）。「一度電」就是1000（W）瓦耗電的用電器具，使用一小時所消耗的電量，表示為1000瓦・小時（WH）或1瓩・小時（KWH）。其關係如下：1度電＝1000瓦・小時（WH）＝1瓩・小時（KWH）。

參考下表，能大略估算自己一個月用到多少電。要知道電器用品的耗電量，可由電器的說明書內得知。購買電器時應確認其耗電量，同樣產品應選擇耗電量較小者，對於不符規定，未標明耗電量之產品請勿購買。

常用電器耗電估計表

電器名稱	消費電力(W)	一個月使用時間估計（時）	一個月耗電量(度)	備註
冰箱	130	12時×30日＝360	46.8	320公升
電鍋	800	30分×30日＝15	12	10人份
微波爐	1200	5時	6	
電磁爐	1200	2時	2.4	
洗衣機	420	30分×30日＝15	6.3	8公斤
冷氣機	900	5時×30日＝150	135	1噸
吹風機	800	10分×30日＝5	4	
電暖爐	700	3時×30日＝90	63	
電扇	66	3時×30日＝90	5.94	16吋
吸塵器	400	4時	1.6	
電視機	140	4時×30日＝120	16.8	28吋彩色
電腦：主機+顯示器	250+120=370	5時×30日＝150	55.5	17吋螢幕

節約電費的祕訣

廚房家電

祕訣1 電鍋不要保溫

米飯煮熟後經常設在保溫的狀態，但0.3升的米飯如果保溫12小時，就如同再煮一次0.3升的米飯一樣。因此煮好、冷卻後立即放入冰箱冷藏，待食用時再以微波爐加熱較划算。

祕訣2 用小型電子鍋煮米飯

用煮0.3升的電子鍋煮0.3升的米，和用能煮0.5升的電子鍋煮0.3升的米，雖然同為0.3升，但用小型電子鍋來煮較為划算。如果考慮空間，建議單身生活使用小型電子鍋。

祕訣3 減弱冰箱冷藏庫的設定溫度

冷藏庫的設定溫度「弱」比「強」，1天能省下約20%。但也不能一直設定在「弱」，因此必須考慮容量或季節來調節。冬季的3個月設定在「弱」，春天與秋天的6個月設定在「中」，夏季的3個月設定在「強」，這樣比一整年都設定在「強」，還要來得省電。此外，有關冰箱的放置方法也要注意。離壁面2公分以上，上方不放置物品為鐵則。冷卻的熱無處散熱，就需要電來冷卻。而裡面容納太多食品也會耗電費，因此請注意。

祕訣4 省電的重點是減少開門次數

根據經濟部能源局統計資料顯示，冰箱門每開一次，壓縮機為了恢復低溫狀態就要多運轉10分鐘，除了食物的保鮮度會受到影響，同時也讓冰箱耗電。尤其是夏天。因此，減少開門次數才是省電的重點。

另外，冰箱門的密閉度也是省電重點之一。當門縫墊圈損壞就應立即修復，否則耗電量會增加5~15%。

室內家電

祕訣5 切斷待機電力（standbypower）

就拿電視來說，即使關掉電源，但如果不拔掉插頭而連接主電源，還是會消耗電力，而這些不使用家電時所消耗的電力稱為「待機電力」。依據統計，這種待機電力佔全消費電力的10%。不僅如此，更造成了大量的能源浪費與CO_2的排放，因此待機電力耗能為國際間所重視。

根據台電統計，若不切斷待機電力，一年各家電所消耗的待機電力費用合計高達2754元！而待機電力消耗量最大的前五名電器，分別為床頭音響、錄影機、電能熱水器、冷氣機及收（錄）音機等，雖然都是拔掉插頭很麻煩的家電，但還是儘量勤於拔掉，才能省電而達到節約的目的。

祕訣6 選擇小型電視

電視的畫面越大，電費也越高。14吋與29吋相比，電費相差約3倍之多。把29吋改為14吋，便可省下一筆電費。此外，把影像的明亮度設定在最大與最小，超過6小時就有節省的小功效。但電視是觀賞用途，如果設定在最小的明亮度似乎有些本末倒置，但稍暗就能節約用電也是事實。

家電類　臺灣各類用電器具之待機電力

項目	產品名稱	平均待機(W/台)	每年全戶浪費之待機電力(KWh/年)
1	DVD放影機(*2)	15.24	82
2	音響組(*2)	13.39	76.3
3	電視機	4.67	70.9
4	冷氣機	2.41	57.3
5	多功能收錄音機(*1/*2)	2.95	45.2
6	桌上型電腦主機	4.93	34
7	噴墨印表機(*2)	6.89	25.4
8	LCD螢幕	2.77	19.1
9	手機充電器(座充)(*1/*2)	1.17	17.9
10	電子鍋	0.95	9.5
11	微波爐	2.25	9.1
12	電磁爐(*2)	2	6
13	洗衣機	0.7	5.7
14	烘碗機(*2)	1.2	4.8
15	除濕機	1.45	2.9
	小計		466.3

秘訣7 把空調升降1℃

夏季把空調（冷氣）溫度升高1℃，冬季把空調（暖氣）溫度降1℃，電費分別能省下6％。此外，併用電風扇能使房間的空氣循環，提高空調的效果，就能再控制設定溫度。

秘訣8 採用省電燈泡及具有電子式安定器之日光燈具

一般人認為日光燈會省電，但其實日光燈須搭配電子安定器，或搭配高階日光燈管（三波長域日光燈，點亮時顏色會稍微偏紫紅色）才會省電。而省電燈泡則須避免不必要的或短時間內的開開關關，否則容易減短使用壽命。

其他各種節約法

夏季將飲料放在冷凍

夏季經常開關冰箱的冷藏庫來喝飲料，每打開一次，庫內的溫度就會上升而消耗更多的電。因此夏季把冷飲放在冷凍庫，冷凍後取出就能隨時喝到冰涼的飲料，不必經常開關冷藏庫。

集中切斷待機電力

如103頁所示，家電即使關掉開關，但仍會消耗待機電力。只要勤於拔掉插頭就不會浪費電，但如果覺得這樣做很麻煩，在出門前把房間的總開關扳下也是一招。但廚房有冰箱，不能切斷。此時如圖般的延長線多頭插座就能派上用場，不必拔掉每個插座就能夠順手切斷待機電力。

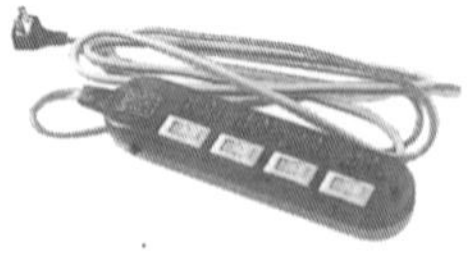

了解就有用

節省暖氣費的各種招數

！使用厚的窗簾

窗簾厚薄的保溫效果相差2℃。此外，有遮光性的窗簾也有防止暖空氣外洩的效果。

！空調設定在「自動」

設定在「強」或「弱」時，即使達到設定溫度，仍會以一定的風量持續運轉。設定在「自動」時，能防止過熱或過冷，而不會浪費電費。

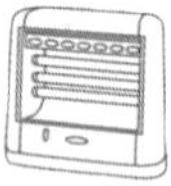

網路速查－省電技巧

節能標章全球資訊網

http://www.energylabel.org.tw/purchasing/savetips/list.asp

選用有「節能標章」的家電產品，既環保又省錢。可以查詢各項產品，事先做好功課熟讀各項產品的資訊及規格。

省電小技巧－經濟部能源局

http://www.tier.org.tw/energymonthly/leisure_e.asp

希望牢記
公共事業費的
5種節約術

1. 水持續流1分鐘就浪費12ℓ，因此使用儲水來省水
2. 務必養成隨手關瓦斯的習慣，最好用完就關
3. 選用有「節能標章」的家電產品
4. 勤於拔插頭(或裝置延長線)就不會無謂浪費電
5. 空調降低1℃可減少6%的電費

了解就有用
聰明選購燈具

! 選用有「節能標章」燈管。

! 採用省電燈管(泡)，較傳統白熾燈省電約60%以上。

! 選用電子式安定器，可較傳統安定器省電30%。

! 選用配合電子安定器使用，發光效率高，演色性高的高頻三波長日光燈管為最佳選擇。

! 40W單管日光燈(含安定器)較20W雙管日光燈效率高出30%以上。

03 既能存錢又健康！
餐費的節約法

Try to cut down on food expenses ●●

單身生活的支出中佔很大比例的是餐費。
如果說節省餐費決定能否增加自由運用的金錢也不為過。
減少餐費最好的做法當然是親自下廚，但很多人因忙碌而無暇烹調，
在此提出食品的採購術與聰明的外食祕訣等，
來思考減少餐費的技巧。

●Step 01

節省餐費的第一步
建議偶爾親自下廚

3天煮一次米飯

就算不能每天親自下廚，但也要定下「3天煮一次米飯」。其餘就只是副食品費與調味料費，因此能確實減少餐費。舉例來說，午餐買2個飯糰（60元），晚餐買1盒米飯（30元），每月就要花費2700元左右；但如果自己煮米飯，1個月只要約300元（米5kg）。

利用剩餘的蔬菜自製淺醃菜

把蔬菜裝入塑膠袋，灑鹽搓揉到變軟，再拿到微波爐稍微加熱。用醬油、味淋、醋等製作自己喜愛的調味料，加入蔬菜來混合就完成。

常備「做好的備用品」

平時一次做好醬或配菜保存來備用，親自下廚時就省事，又能節省餐費。

〈番茄醬〉

材料
水煮番茄罐頭…1罐
洋蔥…1/4個
蒜頭…1瓣
固體高湯…1塊

熱鍋後倒入2大匙油，開小火炒蒜頭末，然後加入切碎的洋蔥來炒。加番茄，煮爛後加入高湯，熬煮20分鐘即可。

〈肉燥〉

材料
豬絞肉…300g
洋蔥…2個

先把洋蔥切末。平底鍋加熱後倒入2大匙油，加入洋蔥末炒成金黃色。加入絞肉炒熟後，加鹽．胡椒各少許來調味即可。

自製調味醬

親自下廚不僅能節約，也能擴大料理的範疇。

●法式調味醬：

沙拉油與醋以3：1的比例混合，加鹽・胡椒各少許再混合。加荷蘭芹末或大蒜末也美味。

●美乃滋調味醬：

前述的法式調味醬2大匙，加檸檬汁1／2大匙、鹽・胡椒各少許、市售的美乃滋1／2杯混合。

●和風調味醬：

醋1／3杯、生薑末1小匙、醬油3大匙、鹽1／3小匙、碎芝麻1大匙混合。一點一點少量加入沙拉油2／3杯來混合即可。

●韓式調味醬：

鹽1／2小匙、辣椒味噌1大匙、砂糖1／2大匙、胡椒・辣椒粉各少許混合，再加醋1／2杯、沙拉油1／2杯、麻油1／4杯混合即可。

●不必花錢也能吃得過癮！

建議自己栽培蔬菜

陽台雖小也能培育蔬菜！

在煩惱錢不夠、蔬菜不夠之前，不妨試著自己培育蔬菜。在花盆能培育的食用植物種類不少，有小番茄、香草、青江菜等。方法簡單，又能減少餐費，因此不妨試試看。首先從試種水耕蔬菜開始。

培育這些蔬果簡單！

草莓在陽台的花盆就能簡單培育，而且能結出可愛的果實，令人喜悅。豆芽與青菜只要有水就能簡單培育，又長得很多，最適合解決蔬菜不夠的煩惱！

在陽台容易培育的蔬菜

在陽台容易培育的蔬菜有茄子、蕪菁、紅蘿蔔等。花盆使用直徑30cm的稍大，如果是長形花器就挑選65cm寬的。也可利用裝家電用的保麗龍盒，只要打洞以利排水即可。

一盆可種數種蔬菜嗎？

結果實的種類種植在一起，葉菜類種植在一起。香草必須確認喜好乾燥或喜好濕氣。茄子或青椒等苗木會長得高大，因此單獨種一盆。

●Step 02

聰明廉價採買

購買食材的祕笈

祕訣1 大型超市與商店街分開利用

大型超市的魅力在於商品種類豐富，但必須與其他店鋪統一價格，因此特價商品不能再降價。而商店街雖然商品種類有限，但為了對抗大型商店，即使血本也會降價。因此要認清商店的特性，聰明分開利用。

祕訣2 了解超市的法則

擺在通道上的花車或陳列櫃旁架上的特價品多，因此先注意這些地方。

其次，為從櫃中找出真正的廉價品，可參考傳單上的廣告用詞。如「廣告品」般明確標示降價理由的商品就可買，如果只寫「拍賣」等模糊不清的用詞，通常是為了吸引顧客的目光，其實算不上便宜。

祕訣3 對準打烊前的降價

生鮮食品從下午6時到打烊之間購買最划算。因為顧客擁擠的時段已過，超市方面也擔心賣不掉，所以會大幅降半價出售，如果專挑這個時段去採購，就能省下不少錢。

祕訣4 活用積點卡

即使改為親自下廚，也要花食材費。此時可利用每次購買物品都會累積點數的會員卡。

只要在結帳時拿出積點卡，不論是用信用卡還是現金付款都會累積點數，這樣就能快速累積。

祕訣5 不要在空腹時去採買

空腹時看到什麼都美味，因而容易衝動購買。為防止無謂浪費，空腹時避免去採買。

祕訣6 去便利商店不要拿購物籃

一拿籃子就容易越買越多。如果空手，就只會買雙手拿得下的量。此外，放在收銀台前的特價商品也可留意一下。賞味期限快到的商品，或促銷中的商品，有時會降價10~50%。

祕訣7 除生鮮食品之外以底價購得

何謂底價？

就拿蔬菜的價格來說，會依季節或天候而變動。此外，有些超市等特賣的價格也有限，因這些條件自然而然定出「不能再降」的最低價格。這就是所謂「底價」的價格。依商店或地區等，底價也有差，因此勤於調查來把握最划算的價格來買。

製作底價表！

製作底價表，就能了解各種商品的最低價格。從常去的超市廣告傳單等來檢查自己常買的商品當天的售價。持續1個月就會了解譬如蛋的最低售價多少。將這個價格做為底價記下來做成表格。採買時就參考表，凡超過底價的商品就不買，如此就能節約。

祕訣8 了解食材的「當令」

蔬菜或水果、魚貝類各有大量上市的季節。一般稱為「當令」。這個時期與其他季節相比，價格便宜1成左右，而且風味也最佳，營養價值也高，優點多多。因此為了節約、為了健康著想，參考左表，牢記常吃食材的「當令」季節。

食材的「當令」

	蔬菜	水果	魚貝類
春	高麗菜、馬鈴薯、豌豆、蠶豆、洋蔥、蘆筍	夏橘、梅子、草莓、櫻桃	鮭魚、水尖、鯛魚、鮑魚、飛魚、鰆魚、鯡魚
夏	番茄、青椒、馬鈴薯、小黃瓜、萵苣、南瓜	香瓜、西瓜、桃子、枇杷、杏子	鰹魚、蜆、香魚、蝦、鰻魚
秋	蕃薯、香菇、玉蕈、菠菜、紅蘿蔔、茄子	梨子、栗子、洋梨、葡萄、柿子	鮪魚、秋刀魚、沙丁魚、鯖魚、蛤蜊、扇貝
冬	白蘿蔔、油菜、長蔥、大白菜、蕪菁、牛蒡、茼蒿、蓮藕	橘子、蘋果、柑橘	鰈魚、鱈魚、文蛤

祕訣9 每週一次整批採買

如果每天去超市，就容易購買不需要的食材。結果買來不用的食材都因腐敗而丟棄，白白浪費。為避免這種情形，先定出每週的菜單，每週一次整批採買食材。有計畫的使用食材，習慣後有時能省下約一半的餐費。

祕訣10 利用食材宅配服務

繁忙的單身生活最有力的夥伴就是食材宅配服務。定出菜單後，商店就會把需要的食材成套配送到府，因此不會無謂浪費。先調查住家附近的便利商店或公有市場有無受理訂購食材的服務，就能多加利用。

祕訣11 選擇可保存的食材

買來的食材如果用不完而腐敗，不僅不能節約，反而是浪費。最近在便利商店也有出售不少保存食品，如罐頭類以及裙帶菜等乾貨，湯的種類也豐富，只要善加利用就能避免浪費。

整粒番茄或鮪魚等罐頭食材，烹調的範圍很廣。

泡水就能立即變軟的乾燥裙帶菜。如果是生的就會剩下很多，而這種方式就不會浪費。

冷凍乾燥的蔥花。香味、風味比新鮮的蔥絲毫不遜色。

可保存的明太子醬。除義大利麵以外，也可用來做生菜沙拉或蛋包飯等，用途多。

魚類如果利用水煮罐頭就能省下烹調的手續。營養價值也與生鮮魚差不多。

Step 03

得聰明選擇，外食也能省錢

外食店的選法

只要懂得聰明利用，即使外食也能省錢！

雖然有心節約，但如果因工作疲憊，也不必強打精神親自下廚。視手頭的狀況來利用外食店也是節約技巧之一。同樣的菜餚，但每家店的價格卻差很多。只要學習價廉物美的外食術，即使外食也能省錢。

外食也是犒賞自己的一種做法！

如果總是想著節約，生活就太乏味了。可以平時節約，每週一次在喜好的西餐廳悠閒品嘗外食，來聰明運用金錢。

例如：豬肉飯的價格比較

第1 簡餐店 NT160

「只要坐下就會端上食物」，甚至有些還附飲料，因此價格比較貴。如果手頭較鬆，偶爾吃一次也不要緊。

第2 便當店 NT70~80

鎖定能吃到熱飯的同時，價格又便宜的便當店。即使路程遠，也值得專程跑一趟。

第3 便利商店 NT60

因為附加便利性，價格稍高。姑且不論價格，也能順便購買其他商品。

第4 自助餐店 NT50

不想親自下廚，但已有現成的米飯，此時可到熟食店買做好的菜餚外帶。

希望牢記
節約餐費5條

1. 偶爾親自下廚是節約餐費的第一步
2. 如果購買生鮮食品，就專挑商店快要打烊前的降價時段去買
3. 了解食材的「當令」就能以便宜的價格買到好食材
4. 食材每週一次整批採買
5. 外食時考慮手頭的狀況來決定去哪家店用餐

03:04

從娛樂費到雜費

平日花費的節約法

Keep saving money everyday ●●

生活上不可少的清潔劑或牙刷等日用品費、
能為生活帶來歡樂的娛樂費——
每一項的金額雖然並不大，
但一年算下來也不少。
以下檢討如何聰明減少身邊支出的方法

●Part 01

從小的項目慢慢開始

身邊金錢的節約法

日用品費

日用品因單價低而容易買下，但合計起來通常一年也要花上3~4萬。其實只要牢記聰明的買法、用法就能節約。

廚房用清潔劑稀釋使用！

廚房用清潔劑稀釋使用，效果也不變。譬如把270ml的清潔劑稀釋100倍來使用，假定1次的用量10ml，1天洗2次，1年也許就能省下近1000元。

浴廁用清潔劑不要直接噴灑！

浴室用清潔劑與其直接噴灑，不如沾在海綿上來用，能省下約7成的用量。此外，廁所用清潔劑用刷子沾上來洗的用量能減少8成。

盥洗用品購買環保包裝

改買環保包裝就能省下容器費，並且還能為地球做環保，可謂一舉兩得。

不買塑膠袋

灑鹽搓揉小黃瓜、保存蔬菜、分成小份冷凍時，最好用的就是塑膠袋。在超市購買肉或魚時順便多拿1個，就能省下塑膠袋費。

Part 02

聽明快樂的遊玩

娛樂費的節約法

旅費

旅行可上網預約

網上旅行社的網站因不需要人事費，故折扣率也高，又能利用網路的即時性搶先預約。某些網站甚至接受在前一天預約，有時只要不到一半的價格！

●易遊網 http://www.eztravel.com.tw/

活用「捷運一日票」

全天候都能使用的「一日票」，售價200元整。本票卡限啟用當日有效，可不限次數搭乘台北捷運，每次搭乘限一人使用。一日票方便又實用，請多善用。

善用信用卡

航空公司都會不定時與各家信用卡推出「異業結盟專案」的組合，多方比較各家信用卡的優惠方案，就能省下不少錢。

民宿大興盛

台灣近幾年民宿興盛，除了設備齊全，價格也便宜。二人房約2000元就能住得很舒適，值得推薦。其中還推出套裝行程，只要善加利用，就能達到省錢又快樂的旅遊。

●台灣民宿通 http://www.minsu.com.tw/

自行車環島旅行

2005年台灣民間曾發起「開闢千里步道、回歸內在價值」的社會運動，普遍獲得了迴響與重視。我們都知道地球只有一個，不論是為了經濟上的節約，或是更偉大的環保，還加上人類與自然之間的內在探索，透過自行車旅行，創造了無價的未來。

台灣各地已規劃出許多自行車道，相信未來仍有許多進步的空間，讓朝向美麗島嶼之旅，響應健康與環保！

網路速查－自行車旅遊資訊

中華民國自行車騎士協會 http://www.cyclist.org.tw/ 這裡提供許多自行車活動，可與同好一起旅行、挑戰喔！
台北市教育局 http://www.tp.edu.tw/life/200508_bike.jsp
台灣自行車專用道彙整 http://www.cyclingland.org.tw/map-1.asp

約會・交際費

利用淑女日

每逢星期三，有不少餐廳或飯店自訂淑女日。可在出門前鍵入「淑女日」上網來搜尋。

鎖定休閒設施的免費開放日

選擇在國定假日或開園紀念日免費進場的遊樂設施遊玩，就能省下娛樂費。

加入青年旅館

台灣的青年旅館會員住宿一晚僅須500～1000元。一年會費僅收600元，最適合國內廉價旅行。

餐廳優待券

去餐廳用餐前先上網確認有無優待券。而且許多餐廳在壽星生日當天前往消費還會有免費招待的方案，建議多加查詢。但勿忘攜帶列印出來的優待券。

● **酷碰網**

http://www.coolpon.com.tw/

折扣優惠資訊的網站。有休閒娛樂、旅遊住宿和生活百貨等，諸多消費情報快捷資訊多，另外也有會員生日酷碰活動。

● **ipeen愛評網（美食優惠）**

http://www.ipeen.com.tw/discountinfo/discountinfo_list.php

除了美食之外，尚有整合休閒娛樂等多項優惠折扣的網站，內容豐富多樣，可以多加利用。

向前輩請益！

身邊金錢的節約術

不買衛生紙！

我從來不買衛生紙，而是使用街上發送的小包衛生紙。1年算下來省下好幾百呢！（27歲／女性）

除非拍賣否則不買衣服！

冬季在1月份、夏季在7月份實施換季大拍賣，因此我都把握這個時期來買衣服。想要的服裝等到拍賣時期再買，就能以不到半價的價格買到。（26歲／女性）

利用預付卡來打行動電話

採用預付卡式來打行動電話，因通話時間有限，自然就會減少長舌。現在我每個月的行動電話費只有$1000而已。（24歲／男性）

利用免費試用品

利用放在藥妝店的基礎化妝品或口紅的樣品、在街頭發送的試用品等，讓我每月省下$500。（28歲／女性）

治療門牙

牙齒的治療，適用健保的材料有限，如果使用健保給付以外的材料就不適用健保，請注意。門牙多半使用特殊材料來治療，因此如果缺牙，陶瓷色的牙齒價位有5000、7000、10000或10000以上。5000元的中間通常是較一般金屬；7000元的通常是鈦合金；10000元以上的通常屬於貴金屬，較為穩定。若為過敏體質的人，醫生會比較建議做貴金屬材質。

修理用水設備

各種水龍頭漏水更換墊圈約400～800元上下（視各種規格不同而定），排水管堵塞時的修理約1500元。

※若只是水龍頭的漏水，很容易修理，只要將止水橡皮墊圈或銅墊圈更換即可。但若對自己手技沒信心，最好還是請水電技師幫忙，況且還能順便檢查水龍頭其它問題。通常這部份可以用包修的方式計價，一次解決反而較划算。

遺失鑰匙

如果僅開鎖，依鎖頭的精緻度來區分，約200～600元不等，甚至也有更貴的。如果換新鎖，種類規格更是繁多，最好依自己的需求再決定換鎖，基本上防盜鎖是最貴的。

希望牢記
平日支出費用的
5種節約術

1. 清潔劑類改用環保包裝既能省錢又環保
2. 店家提供免費領取的物品能拿就拿
3. 想旅行時上網預約
4. 善用旅遊優惠套裝行程
5. 活用折價券就能以便宜的價格消費

結婚禮金

同事	朋友	親戚
1200～1600元	2000～2600元	6000元

葬禮奠儀

（金額一定要單數）

同事	朋友	親戚
1100元	1300元	3100元

03·05

為免日後後悔

金錢糾紛的解決法

Good lesson of the money trouble

「怕推銷訂報太纏人，不敢待在家」、
「未訂購的商品卻誤付貨款」——
有關單身生活的金錢糾紛各式各樣。
遇到纏人推銷或硬性推銷時，非單獨因應不可，總是讓人心驚膽顫。
在此介紹避免糾紛的基礎知識，以及萬一簽約時的因應法。

Section 01

公共事業費、刷卡付款

正確學習有關付款的事項

如果滯納公共事業費會如何？

就會加算延滯利息（滯納金），寄送催收通知單。其次，會有人直接到府收費。即使如此，如果持續滯納，就會被停止供應！如果是電話費就會馬上停話，其次依序是瓦斯、用電、用水。

有關信用卡的付款方法！

一次付清

信用卡如果一次付清就不收利息。有些人為了累積點數領取贈品，一次付清刷卡金額。但有些發卡公司一次付清也要求支付利息，因此請事先確認。

分期付款

分數次付款的方式。有時會以「分期付款手續費」的名目加收利息，因此最後支付的金額比售價還高。也有信用卡公司併用紅利系統等，最好仔細評估後再採用。

週轉付款

不論購買商品的金額，每月償還一定金額的方法。之後即使再購物，每月的償還金額不變，只不過延長期間，因此容易搞不清楚到底借貸多少。如果要利用這種付款方式，必須充分留意。

信用卡付款如果滯納會如何？

有不少信用卡公司寄送催收通知單的同時，也打電話催收。如果連絡不上本人，就會連絡服務單位或老家。如果這樣依然拖欠不付款，信用卡公司委外的催收公司就會提出告訴，寄出「存證信函」。

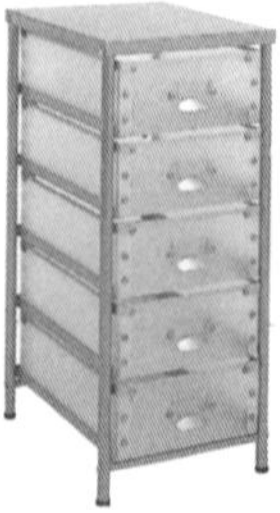

●Section 02

絕對不要忍氣吞聲

對抗缺德商家！

首先了解缺德商家的手段

多層次傳銷（直銷）

對象 健康食品、婦女內衣褲、淨水器、化妝品、美容器材、廚房用品等

大量推銷高價位的劣質商品，以「自己找其他買家，就能賺到銷售額幾成的利益，變成大富翁」等說辭來推銷。結果因找不到買家，自己抱著一大堆庫存品……。

約定推銷

對象 教材、電腦、飾品、旅行券、高爾夫會員券等

以「你抽中旅行券」、「恭禧你，你中獎了」、「免費提供○○」等說辭的詐騙手法，邀到營業所，強迫推銷商品。

隨機推銷

對象 飾品、化妝品、美容券、美容用品、繪畫等

在站前或鬧街上宣稱提供贈品以進行問卷調查，藉此誘騙至咖啡店或營業所等，強迫購買商品。

被迫付款

對象 雜誌、光碟片、報紙等

單方面持續寄送未訂購的商品，看準收件人誤以為「收到就非付款不可」的心理來推銷的手法。

萬一簽約就利用解約制度

如果因拜訪推銷而不小心簽約，只要在一定期間內，就能利用無條件撤回契約的解約制度來解除。通常期間是在8天以內，但也有例外，因此即使已過期也不要放棄，確認看看再說。

解約的適用範圍

解約就是如果因拜訪推銷而簽約，但只要在一定期間內，就能單方面解除契約的制度。適用範圍有：①「在營業所以外的場所簽約」，②「商品未開封或使用」，③「金額在1000元以上」，④「包括簽約文件交付日在7天以內」。基本上必須符合以上的條件。郵購或網購有深思熟慮的時間，因此不在制度的適用範圍內。但如果是在路上或電話受邀而前往營業所，則在適用範圍內。除此以外還有例外的情形，請詳細確認。

收到任意寄送的商品時

並未簽約卻收到任意寄送的商品時，既不必支付貨款，也不需退還商品。如果從寄送當天算起經過14天（要求業者收回的情形是7天）前不同意受理，而且業者不收回，就可自行處分，總之不要慌張，沉著應對。

●Section 03

真正困擾時

解決糾紛手冊

緊急時向有關單位洽詢！

有關拜訪推銷或網購等消費生活的糾紛，可向設在各地的消基會諮詢。此外，對任意寄送的商品可拒絕領取，因此務必向郵局確認。

消基會另有開放義務律師諮詢：

◆台北總會

開放時間：每週一至週五
每日早上採電話預約，下午採電話預約及現場掛號。

◆中區、南區分會

開放時間：每週五下午

◆高屏分會

法律問診：每週二、五下午3:00開始；每週三上午10:00開始。

解決糾紛寶典 ●

■消基會——民生消費問題

當您購買商品吃虧上當、受到委屈時，至消基會申訴，讓專業的服務人員為您排難解紛。全省各地皆有分會。

電話諮詢開放時間：
每週一至週五上午9:00-12:00，下午2:00-5:00。

◆台北總會：

電話：02-2700-1234（4線自動跳號）
台北市大安區106復興南路一段390號十樓之二

◆中區分會：

台中市西區403五權路1-67號八樓之五
電話：04-2375-7234(3線)

◆南區分會：

台南市西區703成功路457號十樓之四
電話：06-241-1234(3線)

◆高屏分會：

高雄市新興區800民生一路56號18樓之八
電話：07-225-1234(3線)

希望牢記

解決糾紛的5條

1. **請遵守公共事業費的支付日期，以免被斷水斷電**
2. **為遵守支付日期，有計畫使用信用卡**
3. **了解缺德商家的手段以便事前防範**
4. **萬一簽約，就利用解約制度來因應**
5. **受害時，立即諮詢有關單位，切勿獨自煩惱**

單身生活指南 解決疑問Q&A part 3

希望了解高明使用套裝浴室的方法

套裝浴室狹小而不好用來泡澡，在此請教前輩們高效率使用的祕訣。

Q01 依何種順序來使用？

A01 洗身體↓洗頭髮↓洗浴缸↓坐在浴缸內放熱水↓水位到達肩膀高度即可。但等待注水時有點無聊。

A02 放熱水↓泡澡↓洗頭髮↓排掉熱水↓洗身體。浴缸有熱水不能洗身體，因此先排掉水。

A03 依照洗身體↓洗頭髮↓放熱水，戴上浴帽，先回房間↓泡澡的順序。

A04 放熱水↓泡澡↓接著在熱水中洗身體與頭髮↓排掉熱水↓淋浴後出去。這是模仿電影中歐美人的沐浴法。

Q02 有無徹底泡澡？

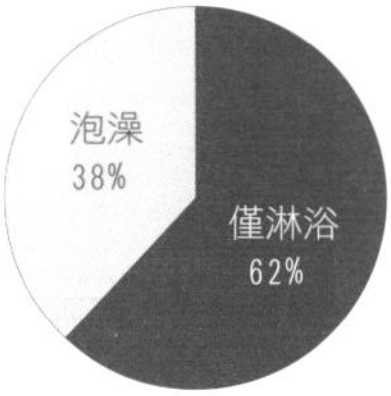

「很想好好泡澡，可是浴室太小而打消念頭。偶爾會去泡溫泉」（30歲／男性）、「不想待在狹小的套裝浴室，因此像烏鴉洗澡般迅速解決」（26歲／女性）等，不少人嫌浴室太小而不想泡澡。

Q03 沐浴時間多久？

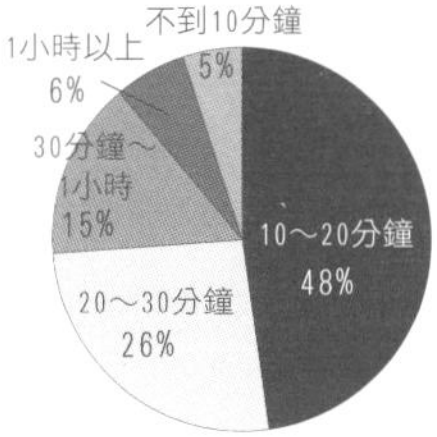

最短是「因熱水會冷，所以90秒就出來」，最長是「邊看書邊泡，因此花費3小時」，意見不一，平均約15分鐘。花費較長時間的人，會設法在中途添加熱水再泡。

Q04 從身體哪個部位開始洗？

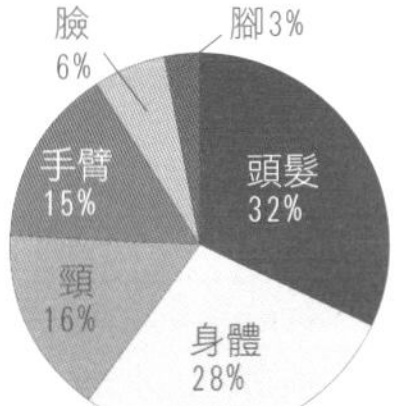

基本上「一開始先洗頭髮，在抹保養乳中洗身體」的意見佔多數。其中也有「阿嬤建議先洗脖子」（22歲／女性）等有個性的意見。

單身生活指南

解決疑問Q&A

part 4

實用生活小知識

Q01 如何正確使用冰箱？

A01 存量方面：食物存量保持在7分滿左右。

A02 溫度方面：冷藏室的溫度控制在7℃以下。冷凍庫在-18℃以下。

A03 風速方面：冬天調至「中速」，夏天調至「中偏高」的速度。

以上除了可省電，還可維持冰箱壽命，一舉兩得。

Q02 有無使電池待機時間變長的方法呢？

行動電話的電池經過耗損而老化，使得待機時間變短。若要再讓電池待機時間變長一點，可將電池用報紙包起來（為了吸收多餘水份），放入塑膠袋，置於冰箱冷凍庫3天，之後取出置放於常溫下2天，再進行充電，如此重複做3至4次，電池待機時間就可延長了。

Q03 如何使絲襪不易破損？

新買的絲襪不要拆封，先放入冰箱冷凍庫中1~2天。之後再拿出來放置半天左右，就可以穿上了。因為溫度的變化可以增加絲襪纖維的強韌度，所以冰過的絲襪較不容易破損。

Q04 電腦螢幕能省電嗎？

不少人以為電腦螢幕只要設螢幕保護程式就能省電，其實這是錯誤的喔！螢幕保護程式的功用是降低螢幕耗損。真正能使電腦達到省電的是「休眠程式」，在休眠狀態，能減少80%的耗電。只要在電腦內部控制台裡，選擇電源管理變更設定即可。

Q05 所有的植物都能淨化室內嗎？

植物雖然有「清道夫」作用，但有些植物是不宜搬進室內喔！比如：

❶會產生異味的花卉：松柏類、接骨木等。松柏類分泌脂類物質，放出較濃的油味，聞久了，會引起食欲下降、噁心（孕婦尤其不宜）。接骨木聞久了則會使人頭暈。

❷耗氧性花草：丁香、夜來香等。這些植物在進行光合作用時，大量消耗氧氣。尤其夜來香在夜間停止光合作用，導致大量排出廢氣，若置放在室內，會使高血壓和心臟病患者感到鬱悶。

❸使人產生過敏的花草：洋繡球、天竺葵等。只要碰觸、撫摸這類花草，易於引起皮膚過敏，重則奇癢難忍。而洋繡球它所散發的微粒，使得人們即便不接觸也偶有過敏現象。

第四章

Small but favorite rooms

營造讓人想回去的小窩！

現在立即能做的室內佈置課程

享受單身生活，室內佈置也是重要的課題。
如何營造雖小卻能讓人喘口氣的房間——
從改變模樣的簡單技巧
到值得信賴的室內裝潢店資訊，
在此滿載前輩們的建議。

04:01

變成什麼樣的房間？

風格別　室內佈置術

Decorate your room as you like ●●

單身生活的醍醐味之一，是能自由佈置房間。
但不少人即使想「馬上改變模樣！」，卻不知從何處著手，
才能接近理想中的形象。
於是挑選 5 種有人氣的室內佈置樣式，
從單身生活前輩們的實例來徹底解剖其特徵。
另也介紹不同樣式的實用雜貨，請參考看看！

●Part 01

以白色為基本的溫柔氣氛

簡單&自然風格

雪白的餐具或布類、藤籃形象是「法國南部式」

最愛法國南部式室內佈置的江澤香織小姐，以在法國買的雜貨為中心來裝飾，刻意營造出普羅旺斯的明亮氣氛來佈置房間。把水果放入藤籃來裝飾，把有生活感的雜亂日用品裝入漂亮的空箱，非常注重細部。據說來訪的友人都很喜愛這6坪大房間的舒適氣氛而一待就很久。

1 法國的室內裝潢雜誌是創意的來源。 **2** 因廚房狹小，餐具櫃放在床旁，也兼具展示功能。 **3** 香水瓶看起來很美，令人愛不釋手！ **4** 常用的調味料集中放在有提把的藤籃內。

利用油漆或布類 把電視、家具統一成白色 重點使用綠色為祕訣

現在每天用功讀書的尾形由佳小姐，立志要考上國家公務員，而平時最好的壓力紓解法就是改造房間。自己動手把藍色的家具漆成白色，更換幾次模樣的結果，終於完成現在的房間。

化妝品或調味料的瓶罐以陳列來「展示收納」，其他日用品則徹底隱藏起來是尾形小姐的做法。要點是「形狀或色調統一的物品儘量展示出來，這樣就不會顯得雜亂，而變得可愛」。此外，重點放置觀葉植物，更能提升清爽的印象。

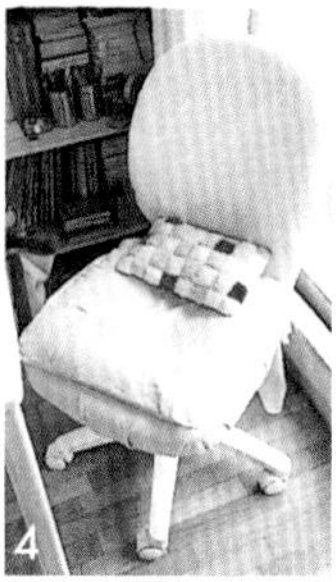

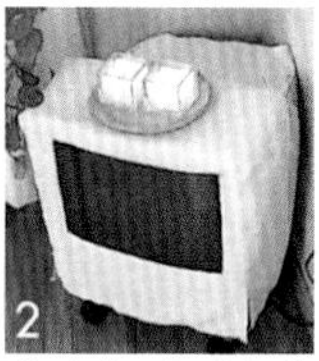

1 花上一整天時間塗油漆，把藍色的桌子、鏡子改成白色。 **2・4** 為把所有物品統一成白色，不能塗油漆的物品就覆蓋白布。 **3** 在住家附近的花店購買５０元左右的觀葉植物。

能搭配簡單&自然室內佈置的雜貨

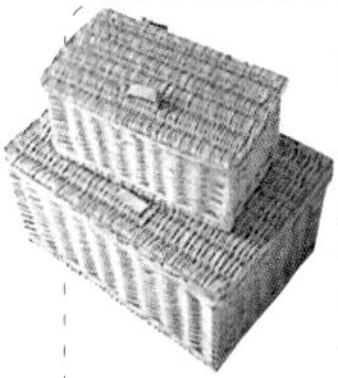

籃子
因為自然的質感與越用越有味道而有不少愛用者。價格也便宜。

葡萄酒木箱
運送葡萄酒時用的打包箱。豎立堆疊就能當櫃子使用。

陶瓷罐
在法國等地方用來保存食品的罐子。有人成套收集，分類收納小東西。

麵包罐
原本是用來保存麵包的容器。但有不少人用來收納衣物或雜誌等用品。

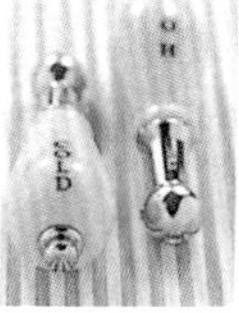

水龍頭把手
水龍頭的把手部分用起子就能簡單裝置，因此最適合用來更換樣式。

果醬罐
在英國等地用來包裝奶油等食品的陶製容器。可裝小東西。

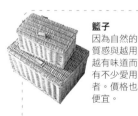

Part 02

還是最能讓人
徹底放鬆

日式風格

展示逐項收集的日式古董與和服帶呈現味道十足的「和風」

1 把化妝品裝入階梯式的小衣櫃中，當梳妝檯使用。「日式家具的收納力不錯」。 **2** 起居室的矮飯桌上擺放裝醬油與醃梅的餐具，幾乎都是日式。 **3** 百葉窗也是自己動手裝置。雖然不是古董，卻醞釀出柔和的氣氛。 **4** 把和服當作掛毯來裝飾。舊布也可參照這種做法來處理。 **5** 把新年買來使用的飾品從天花板垂吊。 **6** 裝飾在舊用品店購買的時鐘與朋友畫的插畫。 **7** 冬季就在這裡放置被爐，舒適度過。

柳田美穗小姐在屋齡40年的老舊住宅，與許多日式古董一起生活。一直以來就偏愛鄉村風的室內佈置，卻在不知不覺中增添不少日式物品，於是藉搬家之機，尋找適合日式形象的房子。她說「最近也開始學習茶道。可能有一天也要學習和服的穿法」，因為也很重視新年或女兒節等日本特有的季節感。不僅室內佈置，也在生活中充分享受「和風」——因此營造能傳達這種生活狀況的空間。

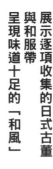

和服、草蓆、藍色染布——依雜貨的選法
連鋪地板的房間也能變成日式氣氛

河野真希小姐說，老家房間的室內佈置是西式，但認為「屋齡老的這間房則適合日式」，由此決定房間的佈置方針。

首先把有衝擊性的和服掛在牆上，地板鋪草蓆、放置坐墊，強力訴求「和風」。然後在書櫃及電腦周圍、鏡台、柱子、門楣上等眼睛可及之處裝飾小型日式雜貨。結果如圖所示，地板的西式立即變貌成漂亮的和室。

1 在年底購買不倒翁，畫上一隻眼，祈求整年幸福。 **2** 老家帶來的紙製燈罩。 **3** 布柿子是DIY的成品。 **4** 牆上的和服成為吸引目光的佈置。 **5** 與日式不搭調的視聽器材周圍極力營造成日式風格。 **6** 放置備長炭讓房間的空間清淨。

與和風室內佈置相配的雜貨

日式毛巾 吸水性佳、快乾。圖案豐富，因此可鋪可掛，活用在室內佈置。

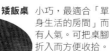

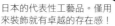

棉紙燈罩 用手工棉紙製造的燈罩。透過紙微微照射柔和的光是魅力所在。

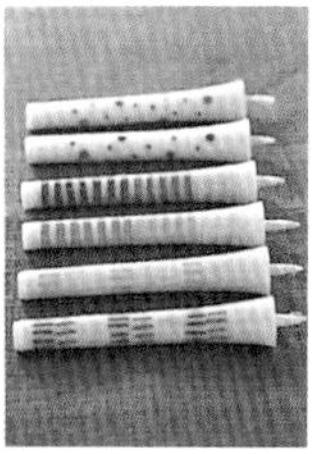

日式蠟燭 用棉紙製作芯，手工塗上從野漆樹果實採集來的蠟而成。三角形的火焰是特徵。

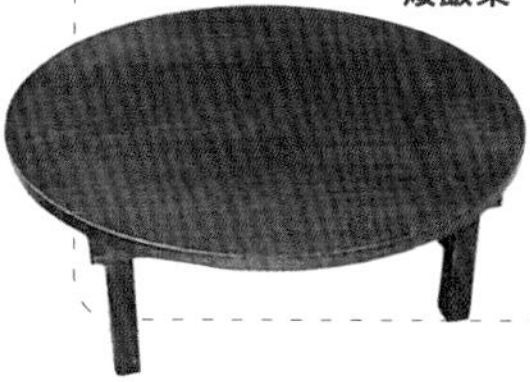

矮飯桌 小巧，最適合「單身生活的房間」而有人氣。可把桌腳折入而方便收拾。

南部鐵器 日本的代表性工藝品。僅用來裝飾就有卓越的存在感！

●Part 03

頻繁使用鮮豔色調而充滿元氣

公仔&流行風格（普普風）

把房間變得五彩繽紛的捷徑是剪貼布或印花貼紙

吉村小姐佈置自己小窩的目標是讓來訪的朋友說出「有快樂的氣氛！」以偏愛的綠色與粉紅色為主，在牆壁貼上用印花紙貼紙製作的花朵圖案，或用塑膠貼紙來重新美化家具——。因認真考慮朋友在此能徹底放鬆、舒適度過，所以儘量不放置家具或物品。「最近與朋友一起去逛雜貨店時，朋友馬上脫口說『哎呦，這些不都是你喜歡的東西！』。很高興能經由室內佈置，讓朋友了解自己」。

1 在有1坪大的壁龕，放置服裝與書籍、錄放影機等。沙發是以網購2500元。 **2** 使用2捲塑膠貼紙的傑作。 **3** 綠色是這個房間的重點色。手提收錄音機是大拍賣時購買的。 **4・5** 組合5種顏色的印花貼紙製作的草莓與花朵。 **6** 牆壁、天花板均以印花貼紙或布來改變模樣。

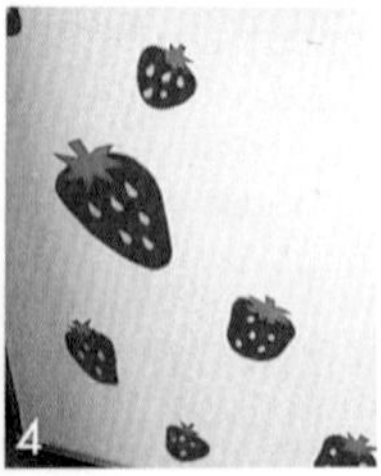

把公仔雜貨與30元塑膠小東西裝飾在一起就非常相配！

從高中以來就迷上少女風味的雜貨或公仔的村上裕美小姐，收集了不少小玩意兒。這間房子正是活用這些收藏品佈置而成的「自己的城堡」。

對村上小姐來說，室內佈置就是不花錢而能享受。自己動手塗裝家具，或在任職機構撿來不要的物品，並活用39元商品，非常懂得精打細算來發揮展示的創意，請務必做為參考！

1 用粉紅色佈置得可愛。**2** 連電視都貼上鮮豔色彩的貼紙。公仔擺法也一絲不苟。 **3** 公仔數量之多，連收藏家都會自嘆不如。**4** 頻繁使用30元商品，塑造成流行風格的房間。

與公仔&流行室內佈置相配的雜貨

白鐵罐
使用歡樂色調與質感輕是魅力所在。收集不同的尺寸，有助收納小東西。

普萊特兄弟 S&P套組
英國的製麵粉公司「霍姆普萊特」公司的公仔，在日本的人氣正急劇上升。

doughboy的杯子
美國食品製造商「Pillsbury」公司的公仔。「dough」是「生麵糰」之意。

附贈的公仔
這是日本國產的公仔。由佐藤製藥做為長壽與健康象徵附贈的小象兄妹。

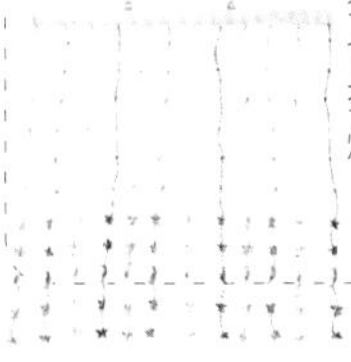

塑膠門簾 以廉價購得，提高色彩度。也可1條1條拆開，裝飾在燈具周圍。

●Part 04

令人聯想到度假地的安逸空間

亞洲風格

1「蒸籠」分成 2 層，最適合用來收納小東西進行分類。 **2** CD播放器收納在角落。 **3** 在房間的「壁條掛鉤」吊掛籃子與提袋等物品。 限制色調的簡單房間。

利用竹製家具與越南雜貨添加大膽配色的亞洲風布料

家具、雜貨、餐具……堀純子小姐房間的物品大多數是越南製。據說因前往當地旅行，而迷上雜貨的圖案與廉價家具、美味的食物等。最多的收藏品是天然素材製成的籃子類。形狀或尺寸各式各樣，因此也能在收納上大顯身手——「依大小來更改內容物」。

使用極為俗豔的色彩且挑選仿造品雜貨變成「亞洲的市場」風

這是愛知縣近藤美樹小姐的房間。從越南旅行回來後，就被亞洲風雜貨所吸引，把在越南的市場購買的色彩極為俗艷的布掛在壁面。據說連服裝也刻意挑選亞洲款式來穿。

與亞洲室內佈置相配的雜貨

蒸籠
蒸小點心使用的烹調器具。通常 1 組是 2 層。在日本不少人用來收納小東西。

珠子繡花拖鞋
衣服或布製小東西都縫上珠子來描繪圖案。在台灣或越南都很流行。

亞洲風籃子
把在亞洲氣候生長的植物做為素材所製成的籃子。獨特的氣氛是魅力所在。

小玻璃杯
高僅數公分。以稍厚的玻璃為特徵。可用來裝髮夾等小東西。

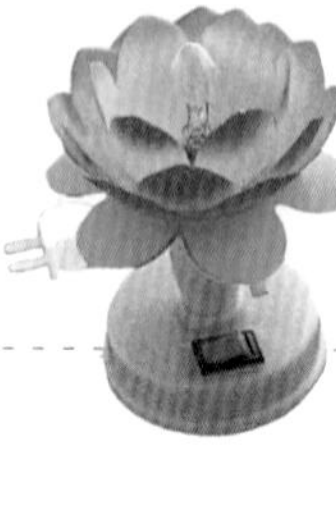

蓮花檯燈
飄逸亞洲氣氛的雜貨。以圖中的檯燈為首，布或餐具的圖案也頻繁使用此風格。

●Part 05

新「帥氣房間」的代名詞！

中世紀風格

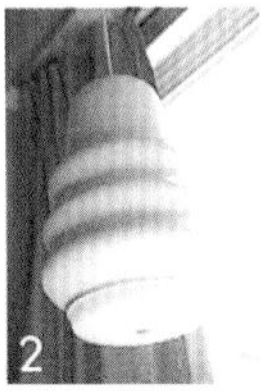

以紅・黃・橙色為基本的復古式美國家具來實現最近造成話題的風格

櫻井浩幸先生的小窩充斥中世紀代表性的家具與雜貨。自從在朋友家看到「依幕斯」的椅子以來，就迷上這種樣式。現在的煩惱是房間太小，無處放置辛苦收集來的家具。為了節省空間，只好利用壁櫥的下層來睡覺。（神奈川縣）

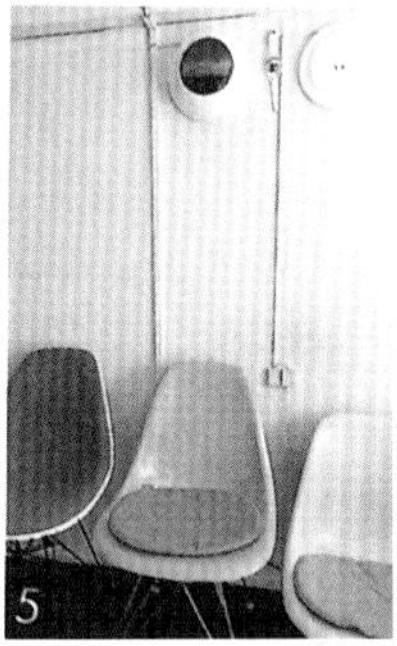

1 在榻榻米上鋪木質地毯，形成地板風。用白色膠帶遮掩木質部分，以免感覺老舊。 **2** 英國的設計師「英佛烈特」的作品。 **3** 迷上復古感所購買的杯盤。 **4** 電視、音響都搭配房間塗成白色。 **5** 成為對室內佈置產生興趣的「依幕斯」的椅子。

希望牢記 室內佈置術 5條

1 自然風格是以白色或米色為基調
2 使用藍布與陶瓷器等小東西來呈現和風
3 39元商店的小東西是流行風格的名配角。
4 以竹製品與彩色布來形成亞洲的氣氛
5 中世紀樣式是逐項收集來欣賞

與中世紀室內佈置相配的雜貨

蛤蜊形菸灰缸
菸灰缸是二片蚌的蛤蜊樣式，波狀邊緣十分有趣。材質為三聚氫銑胺樹脂製。

掛物架
原本是掛孩童用帽子。使用鮮豔的色調與多數曲線是這種樣式的最大特徵。

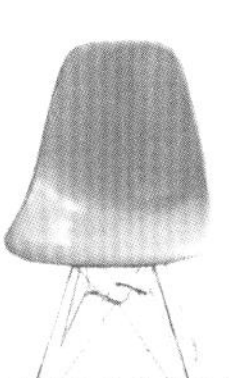

角邊椅
椅面與椅背成為一體的設計非常創新。在車站常見的長椅就是以此為原型。

連細部都一絲不苟

廚房、廁所、套裝浴室的室內佈置

Change your kitchen、toilet and unit bath ●●

單身生活必須自己動手管理的是廚房、廁所、浴室。
有別於老家，既小又昏暗而造成不便，容易讓人放棄佈置，
但如果想有意義度過獨自一人的時間，就不能忽略這些場所。
從克服惡劣條件、營造歡樂空間的前輩們實例，
來探索更換廚房或浴室模樣的祕訣。

●Part 01

決定能否愉快的親自下廚！

廚房的室內佈置

利用塑膠貼紙與膠帶 變得煥然一新

松山久美子小姐的小窩是以「像玩具箱一樣的廚房」為目標，使用39元商店的雜貨來更換模樣。在牆壁貼上塑膠製桌布，門扉貼膠帶，嶄新的創意令人眼睛為之一亮。

利用印花貼紙 重新美化成獨創的家具

吉村小姐家的廚房，克服老舊的塑膠地板與照不到陽光的窗等惡劣條件。在地板鋪水滴圖案的布，牆壁與水槽、家電均使用以印花貼紙製作的花朵主題來更換模樣。雜貨也大膽挑選原色，呈現歡樂的氣氛。

只要有心愛的雜貨就能使有趣的親自下廚變成歡樂的時間！

淺野惠美小姐想像學生時代在電影中看到的「古早美國的餐廳」來收集雜貨。自從搬到這個家以來，如何把屋齡40年的廚房變成美國的味道，成為更換模樣的主題。用自製的板子遮住老舊的儀器表，熱水器也用塑膠貼紙重新美化成流行風味。外包裝寫日語的調味料全都換瓶來裝，這種徹底的做法真令人佩服。

1 復古氣氛的廚房。 **2** 把雜誌架用來做廚房收納。 **3** 雜誌架中的雜貨也只有白色與紅色。 **4** 從儲備品到馬克杯、砧板等都精心收集的廚房雜貨。 **5** 在窗簾軌道上方放上木板，做為放置儲備品的收納空間。

統一色調變成看不到生活感的整潔廚房

平山亞佐子小姐家廚房的主題色是藍色。水槽下方的門扉貼藍色的印花貼紙，烹調器具或雜貨也均以藍色來統一。平山小姐說「聽說藍色有抑制食慾的效果」。不知整潔的廚房是否是邁向減肥的捷徑？

1 用水場所周圍的小東西利用咖啡歐蕾碗收納。**2** 從水壺到刀叉湯匙都是藍色。**3** 容易顯得雜亂無章的廚房，只要統一色調就會變得整潔清爽。

高明排除生活感！

廁所的室內佈置

●Part02

1 地板是各種磁磚的展示。 **2** 因裝飾場所受限，故也可利用水箱。 **3** 衛生用品裝入漂亮的紙袋放在手邊。

展示出明信片與紙袋等身邊的素材 排除生活感與老舊感！

芹澤陽子小姐認為廁所是「房間的延伸」，因此努力佈置成與房間相同的氣氛。不忽略衛生紙架或水箱上等小小的空間，高明利用來展示。植物也是塑造氣氛的祕訣！

用布或包裝紙來改變形象 主題是「南國風」

原田小姐決定把自家的廁所佈置成南國風。可是當想更換模樣時，粉紅色的馬桶與綠色的地板卻成為障礙。於是想到的方法是用紙或布來徹底覆蓋地板與馬桶。用仿造品的綠色植物來裝飾，昏暗的空間就立即變貌！超乎預料的成果獲得朋友們的好評。

1 在硬紙板上寫字成為重點裝飾。 **2** 馬桶蓋用包裝紙包覆，並添加綠色植物。 **3** 毛巾架用39元商店的綠色植物來裝飾。 **4** 裁剪布，用雙面膠帶貼在地上遮蓋討厭的圖案。

使用流行色 把空間變成能讓心情開朗的模樣

一踏進中島博子小姐家廁所的瞬間，眼前就出現明亮有個性的廁所。覆蓋品或墊子等均以中意的紅色・十字架圖案來統一，形成明亮的空間。固定裝置的架上添加伸縮桿架，就能彌補收納空間的不足。

在固定裝置的架上添加伸縮桿架，就變成2層。不想讓人看見的物品可藏在布簾後面。

只要有音樂 在此也能享受獨自一人的時間

田村和將先生的家經常有朋友來訪，為使「朋友也能無拘無束」，在廁所放置收錄音機。此外，為使地板變成木紋調，鋪上塗油性染料的木板等，設法不著痕跡的來佈置。

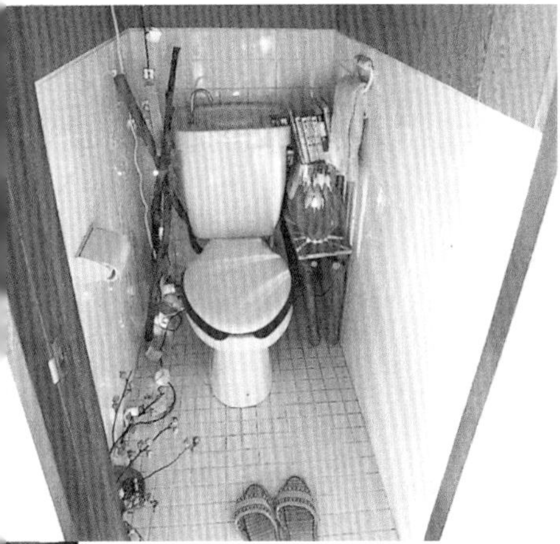

相連的照明是朋友的傑作。「因為氣氛佳，一不注意就會在廁所待上很久」。

1

2

3

1 把收錄音機放在伸縮桿架上，用竹簾遮掩就看不見。**2** 在牆上陳列各種CD，就能聽到喜愛的音樂。**3** 無法高明鋪設木板的部分以堆疊磚塊來遮掩。

僅更換燈具 就能塑造安祥的氣氛

經常改變廁所佈置模樣的村野繪美小姐，最近利用間接照明改為沉穩的氣氛。拆掉天花板上的燈，更改配線裝置而成的傑作。「放置漫畫，有些朋友甚至可待上幾十分鐘不出來」，足以表示這間廁所是何等的舒適。

●Part 03

克服狹小昏暗是關鍵所在

套裝浴室的室內佈置

1 昏暗的浴室立即變貌。 **2** 用串珠的門簾來遮掩。 **3** 把各種浴室用品吊掛起來，讓煞風景的空間變得開朗。用品多半是39元商品。

選用鮮豔色調來呈現充滿元氣的流行風空間

對小川春美小姐來說，套裝浴室是讓人充電的重要空間。因此對佈置絲毫不馬虎。使用鮮豔的浴簾、流行風的雜貨來呈現開朗性。所有用品都挑選不怕弄濕的材質是重點所在。

只要懂得活用39元商品 即使空間狹小 也能變成「大眾澡堂式」

篠原昭壽先生家的套裝浴室，最能呈現存在感的就是寫有「湯」字的浴簾。找到這種浴簾後，就決定把浴廁改為日式，思考搭配性來挑選浴室用品。「有點像大眾澡堂」的空間，可消除一天的疲勞。

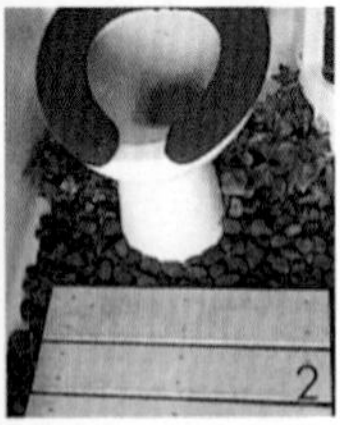

1．**4** 朋友都稱「昭之湯」。 **2** 木板與小石子是在老家附近的居家用品店買的。 **3** 綠色植物是用39元商品，鴨子形的牙刷架隱藏在其中很有趣。

只要有防水型印花貼紙就能簡單改變用水場所周圍的模樣！

吉村小姐利用防水型印花貼紙，把狹小的空間變得亮麗。她的做法並非全體都貼，而是在洗臉台邊緣或自來水零件、鏡子等重點貼上花朵圖案。此外，收納用品也挑選塑膠製的鮮豔色調，形成亮麗的氣氛。

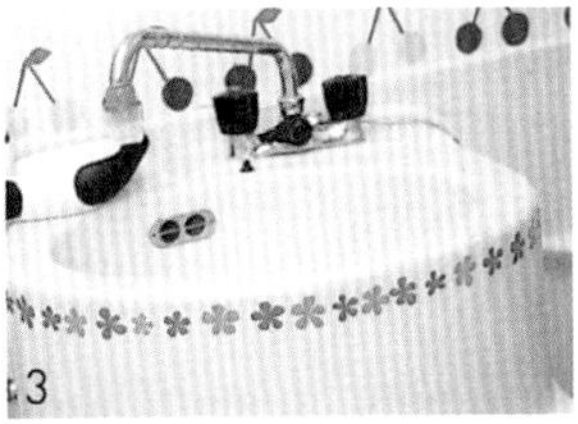

1 在瓶身貼上塑膠貼紙。 **2・3** 大膽改變不協調的花朵圖案。 **4** 牆壁圍繞櫻桃圖案，鏡子邊緣裝飾花朵圖案。水箱上方放置架子做為收納空間。

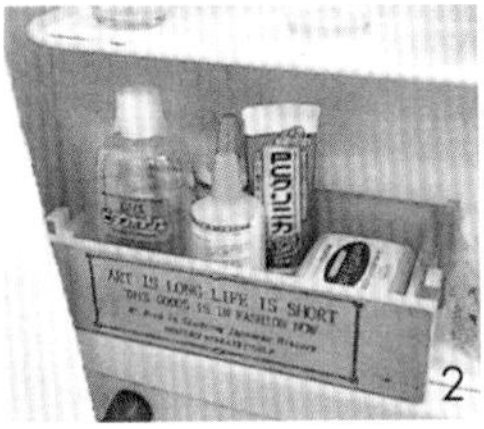

1 柔和形象的套裝浴室。 **2** 洗臉用具收納在木箱中。 **3** 在鏡子裝上吸盤掛鉤，纏繞人造長春藤。 **4** 人造花很省事，裝置在壁面也簡單。

使用不怕濕氣或昏暗的人造花來營造「略帶園藝」的氣氛

小林小姐家的浴室是以自然的氣氛來統合。把鐵絲與麻繩纏繞在空瓶插上人造花，把人造長春藤綁在鏡子邊緣為特徵。使用不需要日光與水的人造花，就能讓昏暗的套裝浴室變成明亮的空間。

Kitchen

廚房用秤
正確量取份量是邁向烹調高手的第一步！挑選小型、功能佳的種類。

廚房布巾
多準備幾條就方便的布巾。挑選穩重的色調，髒污就不明顯。

玻璃瓶
可裝入義大利麵或米等來保存。能排除生活感而提高美感。

垃圾筒
其實很顯眼，因此建議慎選樣式。附腳踏板的樣式方便。

量杯
大匙、小匙俱全的方便套組。容量從下起依序為1、1/2、1/3、1/4杯。

Toilet & Unit Bath

攜帶式擴音器（喇叭）
如果手邊有攜帶式播放器組，在沐浴時也能聽音樂。

衛生紙套
完全顯現生活感的衛生紙，捲上這種套子就變成雜貨。

浴簾
左右套裝浴室印象的重要用品。挑選有個性的圖案來欣賞！

門牌
在套裝浴室等乏味的門或牆壁，可利用這種牌子來提升品味。

浴室踏墊
在沒有窗的套裝浴室，腳下鋪這種踏墊，就能予人亮麗的印象。

芳香蠟燭
在狹小的浴室瀰漫香氣，可使消除疲勞效果倍增。齊備喜愛的香味。

馬桶蓋套、拖鞋、衛生紙架套
廁所的佈置可利用這種套組！選擇心形的圖案就能使空間變得甜美。

浴室用收音機
能使獨自一人度過的沐浴時間變得更歡娛。可愛的設計具有存在感！

希望牢記
廚房、衛生間的室內佈置術 5條

1. 塑膠貼紙或膠帶最適合用來更改用水場所的模樣
2. 慎選雜貨，使色調統一
3. 鮮豔的色調能使昏暗的套裝浴室變得亮麗
4. 人造花可在浴室或廁所享受園藝
5. 利用音樂或照明的效果讓浴廁變得更舒適

04:03

不花錢也能做到這種程度！

改變租屋的模樣

How to change your room ●●

閱讀至此，「我也想改變模樣！」的心情高漲，
但可能有不少人會認為「因為是出租公寓，不知該怎麼做？」，
於是在此徹底解說不損傷住宅來改變模樣的基本技巧，
以及如何重新美化可應用的家具或家電。
只要把握這些要領，理想的室內佈置就呈現在你眼前！

把握改變單身生活室內模樣的基本素材！

印花貼紙

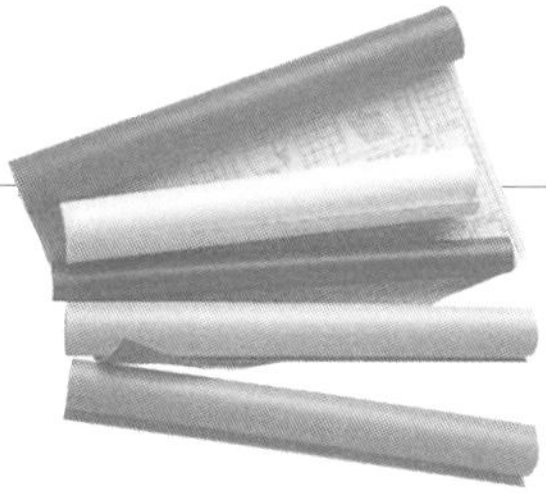

堅固又容易撕除最適合用來改變租屋的模樣！

各種顏色應有盡有，用來重新美化用水場所周圍的架子或冰箱很好用。尺寸基本上有45cm寬與90cm寬2種。

參照139頁！

油漆

改變模樣的基本法門——塗油漆！

重新美化家具或家電，最簡便的就是塗油漆。建議選擇好用的「水性塗料」。每1色塗料準備1支毛刷。

參照138頁！

布

適合用來改變牆壁或天花板等大面積的模樣！

價格便宜又容易取得，僅用1塊就能使房間的氣氛戲劇性改變。配合使用的場所，考慮遮光性與保溫性來挑選。

參照142頁！

磁磚

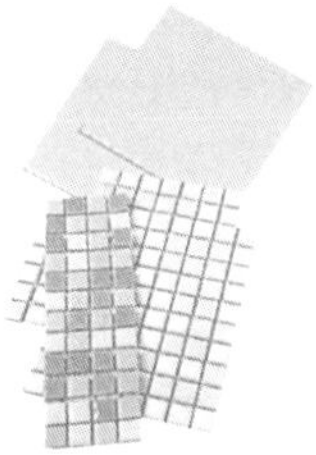

有耐熱性與耐水性最適合用來改變廚房周圍的模樣！

一般來說，有貼在盥洗室周圍約10cm的四方形類型，以及更小的馬賽克類型（圖中是整片的類型）。

參照141頁！

塑膠地磚

鋪在地板就能使房間的印象煥然一新！

塑膠地磚如果要貼滿6坪大的空間，需要約100片。顏色豐富又好貼，改變模樣的效果大，是魅力所在。

參照140頁！

●Lesson 01

統一色調的效果超群！

油漆的塗法

先重新塗木箱來練習

準備的用品

●砂紙 ●覆蓋用膠帶

●毛刷

對「初次塗油漆」的人，建議先塗木箱來練習基本工夫！

1 用砂紙磨去

為使油漆容易附著，先用粗砂紙（約100號）來磨去表面原本的塗裝。顏色變淡後，改用細砂紙（約400號）來磨平。

2 貼覆蓋膠帶

如果想塗多種顏色或保留某些部分不塗，就把覆蓋膠帶貼在不塗漆的部分。如果不塗漆部分的面積太大，也可用舊報紙覆蓋，用膠帶固定邊緣即可。

3 攪拌混合油漆

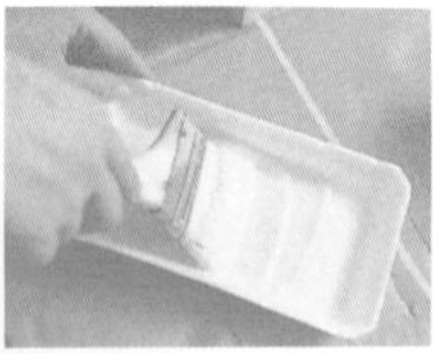

如果在塗料成分沉澱的狀態下使用，顏色就會塗不均勻。因此在開罐前先搖晃，然後把需要的用量倒入其他容器（保麗龍盤的大小就足夠）。塗之前用毛刷攪拌混合，使色調保持均勻。

4 以同調來塗

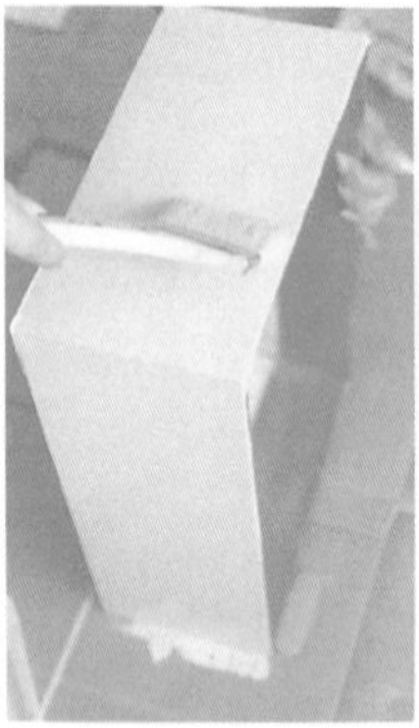

從覆蓋膠帶邊緣或細部開始塗。以同調把毛刷向同一方向刷動來塗為要點。第一次塗的乾後再塗第二次。在半乾的階段小心撕掉覆蓋膠帶，然後等待完全乾。

before

完成

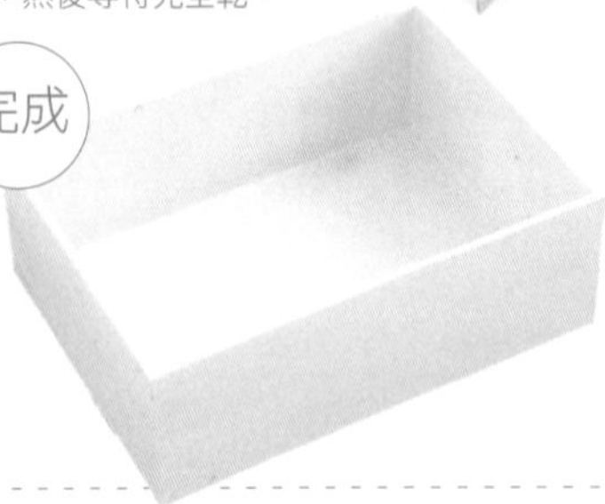

向前輩請益

毛刷的正確用法

使用毛刷前的注意事項

如果直接使用新的毛刷，有時中途掉毛會沾在塗裝表面。因此建議使用前先在手掌上輕刷，用手指拉扯，拔掉快要脫落的毛。

油漆沾在毛尖3分之2處

把塗料沾在毛尖約3分之2處。小心不要弄髒握柄部分。在塗之前戳動毛尖來調整油漆的量。

1色使用1支毛刷為基本

使用水或稀釋液也不可能完全洗淨毛刷上的塗料。因此在塗其他顏色時，準備另1支毛刷。

●Lesson 02

日後能讓人放心的撕除

印花貼紙的貼法

先貼水槽下方的門扉來練習

準備的用品

●捲尺 ●美工刀
●打洞錐子 ●起子

打洞錐子是在貼上貼紙後用來打小洞以排除空氣。

1 卸下門扉

水槽下方的門扉，用起子1片1片卸下。如果有把手也要卸下。把表面的污垢擦拭乾淨。

2 裁剪貼紙來貼

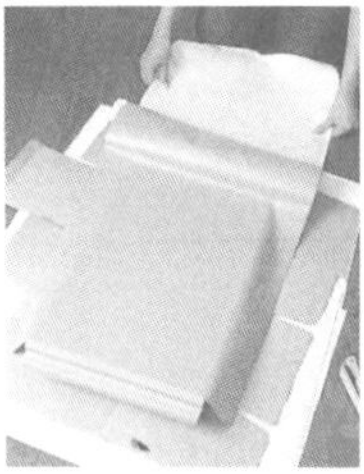

裁剪得比門扉尺寸大4～5cm。先把背紙撕下5cm貼在門上，然後邊撕背紙邊貼，全體貼上。

3 用毛巾推壓

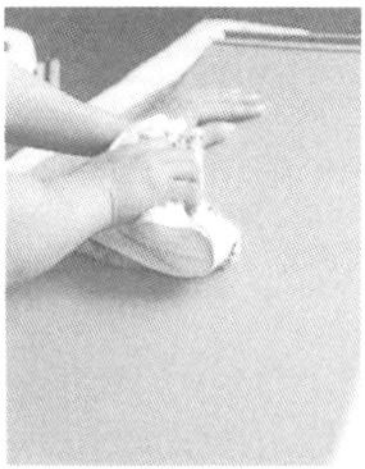

邊撕背紙邊貼時，用捲緊的毛巾用力向左右推壓，排除裡面的空氣。不停反覆進行才是貼得美觀的祕訣。

4 如果殘留空氣……

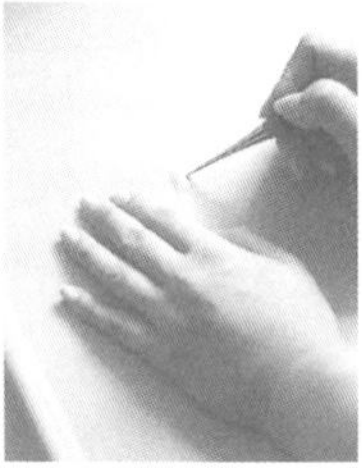

如果進入空氣，表面就會凹凸不平，此時可用打洞錐子打小洞，用毛巾推壓變平。周圍多餘部份用美工刀裁整齊。

5 製作圖案

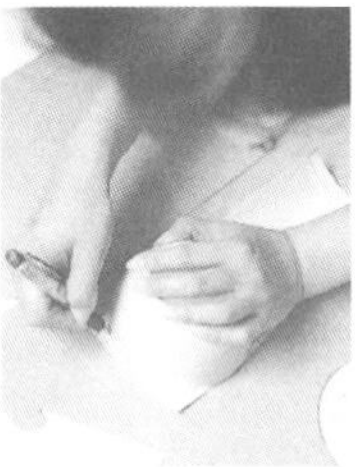

在其他顏色的貼紙背面畫上圖案打草稿，用美工刀或剪刀裁剪下來。在此是用飯碗來裁剪。把圖案貼在門上時注意保持平衡。

完成

將鉸鏈或把手裝回原來的位置，把門裝回本體。確認貼紙有無妨礙門的開關，如果有就稍微裁剪。

設計圖案來享受變化

思考左右對稱配置的圖案，剪下圖案。張貼前先稍微站遠一點，確認後再進行作業。

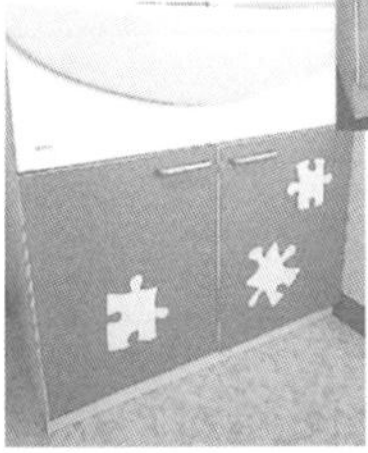

在貼紙的背面畫圖案，用美工刀挖空來裁剪。如果直接貼上，門的底色就變成圖案。而剪下的貼紙可貼在其他場所。

●Lesson 03

大幅改變房間的形象

塑膠地磚的貼法

先把塑膠地磚貼在地板

準備的用品

●捲尺 ●美工刀
●雙面膠帶

雙面膠帶準備一面是弱黏著性的類型，這樣撕除時就不會在地板上留下痕跡。

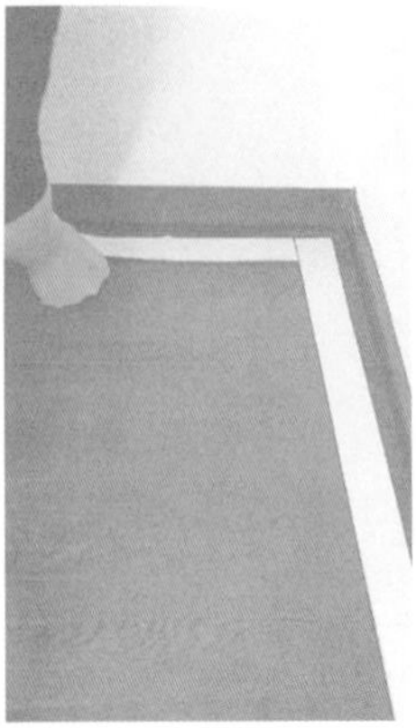

1 地板貼雙面膠帶
把地板掃乾淨後，把雙面膠帶的弱黏著面貼在地板側。先貼地板的周圍四邊，貼好後先不撕去剝離紙。

2 塑膠地磚也貼雙面膠帶
在第一片的背面貼雙面膠帶，固定在房間的角落。以此為基點，把其餘的地磚排滿整個地板。看情況用雙面膠帶來固定。

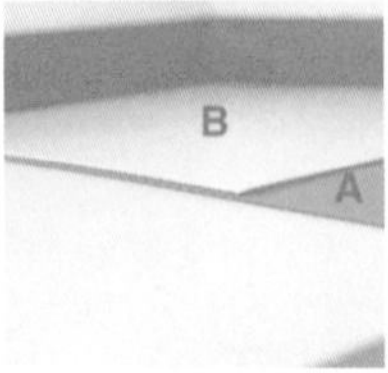

3 處理地板邊端不完整的部分
貼完正方形的地磚後，接著處理非切割地磚才能填入的邊端部分。首先在已貼好面前的地磚A，以重疊一半的感覺放上另一片地磚B，配合牆邊來放置B的邊端。

4 畫上切割線

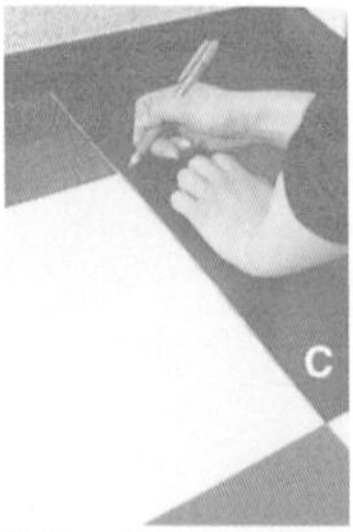

把另一片地磚C重疊在與A密合的B上，在B與C的交界處做上記號來裁剪B。記號畫在背面就看不見。

5 用雙面膠帶來固定

B的剩餘部份正好吻合不完整的地板面。如果縱橫都有不完整的部分，就在兩邊反覆進行相同的作用。

研究貼法來改變模樣！

從對角線來切割塑膠地磚，使顏色互相交錯排列。因為切割的次數多，故如果有塑膠地磚用美工刀，就能加快作業而方便。

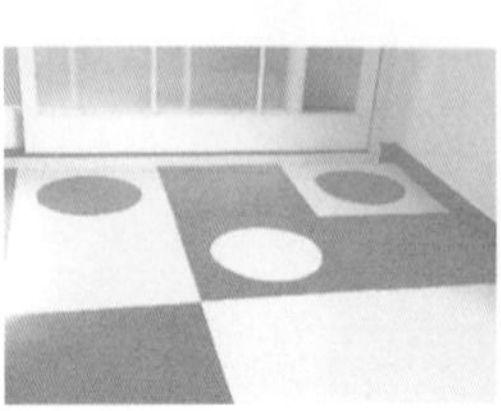

利用盤子等圓形用品在塑膠地磚背面作記號，用美工刀切割。把切下的圓形塑膠地磚嵌入其他顏色的框內來貼。

完成

黑白方格圖案的地板完成。雖然麻煩，但雙面膠帶的剝離紙必須貼1片撕1片。地磚邊端與邊端間必須緊緊密合，以免貼到一半就翹起。

●Lesson 04

最適合重新美化用水場所周圍！

磁磚的貼法

在現有的家具貼磁磚

準備的用品

●木工用接著劑
●外框用木板
●磁磚接縫材

在此使用的是加水調成泥漿狀的粉末狀接縫材。也有軟管型。

1 製作外框

考慮填滿接縫的空隙，先在面板上實際排放磁磚來斟酌。周圍多餘的部分，用木板作外框來處理。木板的厚度儘量選擇接近磁磚的厚度。用木工用接著劑把外框黏在面板上。

2 決定磁磚的位置後用接著劑來黏貼

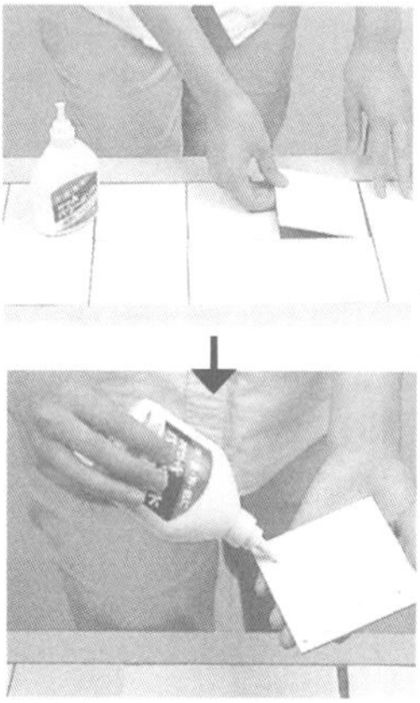

為使填滿接縫的空隙寬度一致，把磁磚排在面板上時注意平衡來決定位置。以不移動的狀態，用接著劑從一端開始逐片黏貼。注意勿使接著劑溢出磁磚，一開始在內側塗上少量，薄薄的抹平。

3 用接縫材填滿

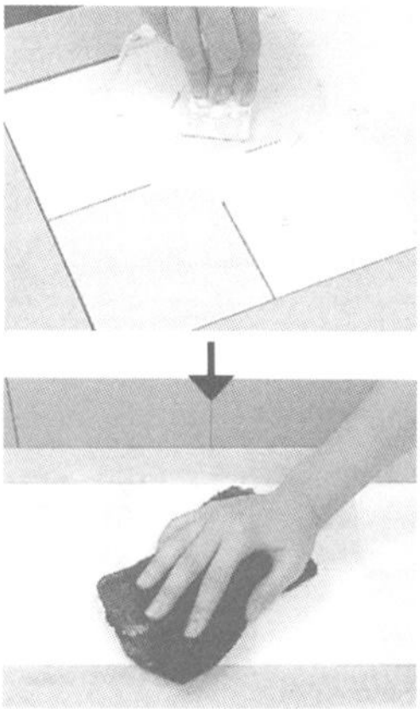

接著劑乾、磁磚固定後，把接縫材倒入磁磚與磁磚的空隙。依外包裝上的指示來製作接縫材，先倒在磁磚上，再用木片壓入空隙。完全乾之前，用濕布擦去多餘的接縫材就完成。

使用馬賽克磁磚就能設計細部

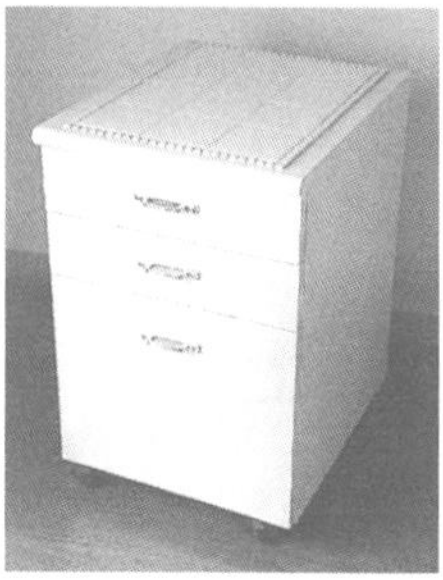

在周圍貼上小塊的馬賽克磁磚來裝飾。與貼大塊磁磚一樣，先排放來確認平衡，然後再用接著劑固定。

完成

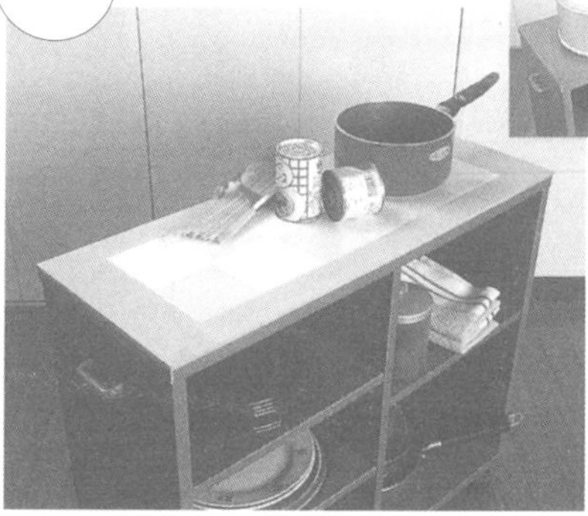

before

貼上磁磚後，放上熱鍋或平底鍋都不要緊。即使弄髒也能擦乾淨。也可在窗台的1層貼上磁磚來擺放盆栽裝飾，或者應用在其他家具。

●Lesson 05

不必使用針線而簡單！

布的應用

在壁櫥的天花板貼布

準備的用品

●雙面膠帶 ●圖釘

為避免住屋受損，圖釘儘量選用細的類型。此外，選擇頭的部分接近布色的圖釘。

1 暫時固定布

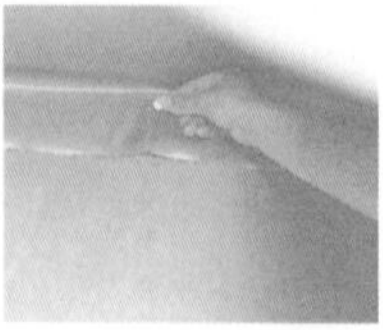

在牆的上部用雙面膠帶暫時固定布。確認布的位置，如果沒問題就用圖釘牢牢固定。

2 決定鬆緊的程度

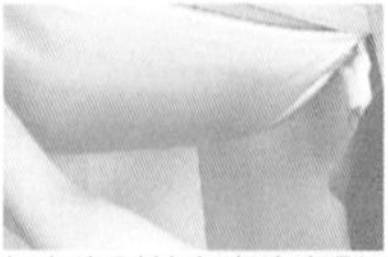

把布拿到前方來決定鬆緊的程度，暫時固定邊端。

完成

站在遠處看來確認是否平衡。然後用圖釘固定周圍。

在牆上貼布

準備的用品

●圖釘 ●布用接著劑

儘量選用細的圖釘，頭的部分接近布色。

1 處理邊端

在布的邊端塗上薄薄一層接著劑後摺入就不會綻開。如果有用熨斗壓燙就能黏住的「熨燙用膠帶」就更方便。

2 用圖釘來固定

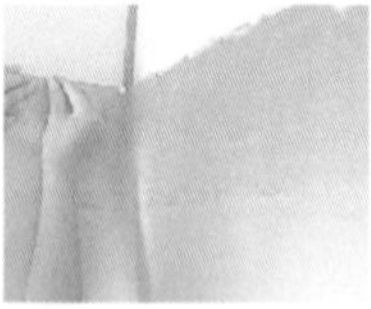

從牆的上部開始貼是貼得整齊的祕訣。讓布的邊端與壁面吻合就開始貼，一端先用圖釘來固定。

完成

上部固定後，拉緊布，固定下端，用圖釘以等間隔來固定。必要時左右邊端也要固定。時間一久就會鬆垮，因此必須偶爾拉緊來調整。

不用針線來製作窗簾

準備的用品

●齒邊剪刀 ●窗簾用零件

窗簾用零件有掛在軌道球的類型，以及穿過桿子的類型，因此請確認。

1 處理布的邊端

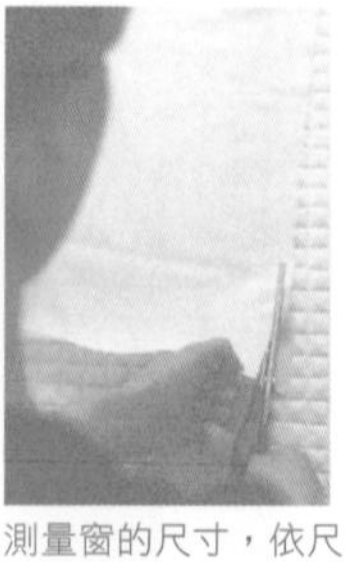

測量窗的尺寸，依尺寸來裁剪布。如果擔心布邊綻開，裁剪時預留一些來縫邊，把邊端摺三折來縫。

2 裝置零件

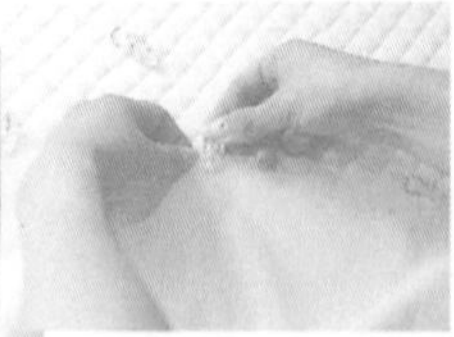

把夾子部分夾住布，裝置零件。為保持等間隔，折布時比零件數少1次，以折縫為基準即可。在軌道上先掛上兩端與中央，接著掛中間。如果軌道球與零件數不合，就要調整到左右均等。

完成

●Lesson 06

普通的家電
完全變貌！

家電的重新美化

電視噴漆

1 首先做好事先準備

準備噴漆塗料與覆蓋用膠帶、舊報紙、打底劑。噴漆塗料快乾，不會滴落。在噴之前用沾清潔劑的布擦去電視的髒污。

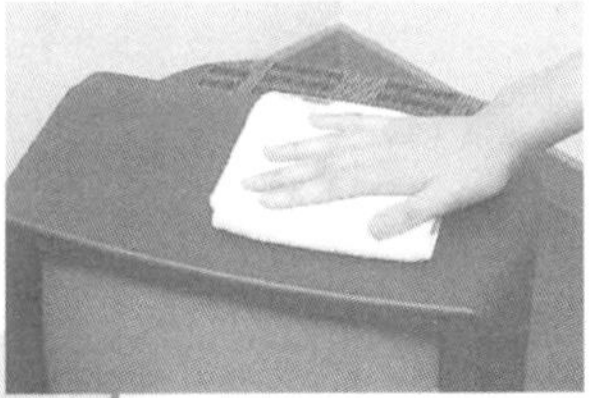

噴漆塗料會大範圍飛散，因此儘量在室外進行作業。如果只能在室內噴，就用雙層報紙覆蓋牆壁與地板。此外，噴漆的氣味也強，必須徹底通風才行。

2 貼膠帶

畫面或感應器等不噴漆的部分，貼上覆蓋用膠帶。畫面用舊報紙覆蓋，周圍貼上覆蓋用膠帶。覆蓋用膠帶有各種寬度，配合用途來選擇。

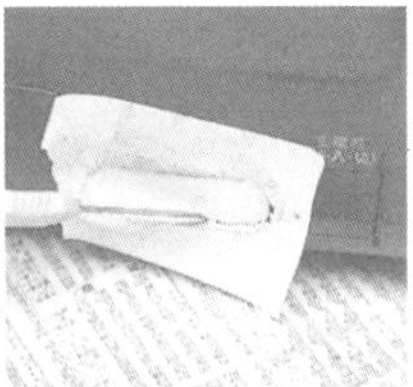

3 塗打底劑

為使噴漆容易附著，先塗打底劑。噴式比較好用，塗 1 次即可。搖晃瓶罐後，如畫圓圈般噴在全體。

4 噴漆

距離太近來噴，塗料會滴落，請注意。散熱的縫隙部分須分數次才能噴得完全。

完成

在完全乾之前撕下膠帶。原本漆黑顯得笨重的電視機就變成自己喜愛的顏色。只要用覆蓋用膠帶來覆蓋，其實作業非常簡單。冰箱或洗衣機等家電都能使用這種技巧來變貌。

用小貼紙與印花貼紙來重新美化電話機

1 貼小貼紙

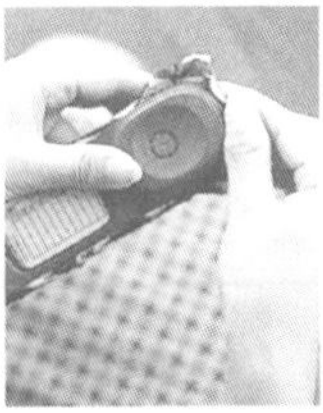

在聽筒貼上動物花紋貼紙。曲線部分劃上刀痕來處理。確認放上聽筒時不會翹起。

2 在本體貼印花貼紙

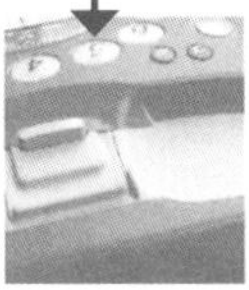

在平面部分貼印花貼紙。貼緊以免空氣進入，貼好後挖空按鍵部分。

before

完成

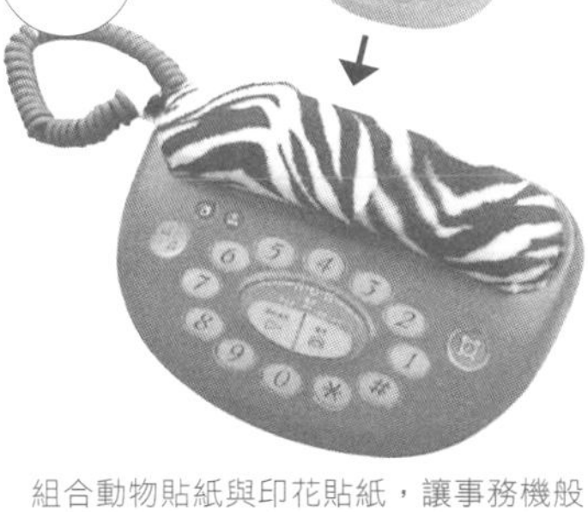

組合動物貼紙與印花貼紙，讓事務機般乏味的電話變成充滿活力亮麗的形象。

●Lesson07

設法讓老舊家具煥然一新！

家具的重新美化

把層架漆成濃淡雙色調

1 按照P138的1~4要領來塗漆

2 貼上覆蓋用膠帶，邊端塗其他顏色

先塗的底色乾後，把覆蓋用膠帶貼在希望分色塗的部分交界。塗其他顏色時使用小型毛刷。

完成

在漆完全乾之前撕下覆蓋用膠帶就完成。普通的層架就變成濃淡雙色調的自然風味家具。熟練後也可塗大型家具。

把鋼管床變成亞洲風味

準備的用品

● 麻布 ● 麻繩

● 雙面膠帶

麻布可買新的布料，但剪開麻袋來利用較為省錢。

1 貼麻布

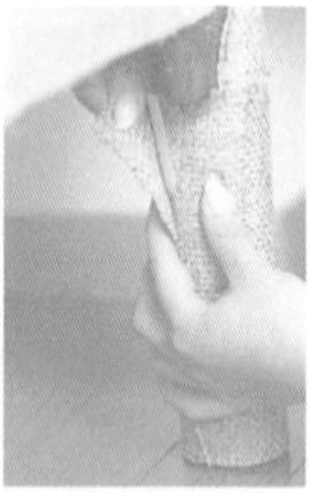

在床架與床腳貼雙面膠帶，然後配合裁剪的膠帶貼上麻布。貼麻布前再撕下剝離紙。

2 纏繞麻繩

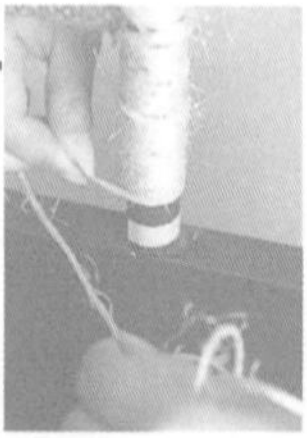

先貼雙面膠帶，然後把麻繩牢牢纏繞在其上。纏繞完後塞入縫隙。再用麻繩捆綁以免麻布移動。

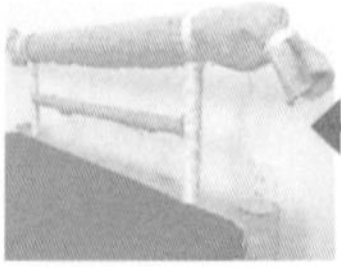

變成有人氣的亞洲風味。如果使用新的帆布布料，就能呈現自然的氣氛。

完成

換貼椅子的椅面

準備的用品

● 布 ● 圖釘 ● 起子

準備十字型或一字型等基本的起子。

1 卸下椅面

把椅子翻過來，用十字起子逐一卸下螺絲釘，拆下椅面。螺絲釘最後還要裝回，因此小心保管。

2 裁剪布

把椅面放在新的布上，四周多留約5cm寬來裁剪布。布邊不需特別處理。

3 用圖釘固定布

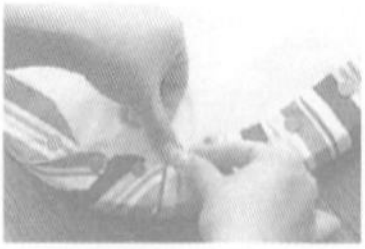

把四邊折入使布不鬆垮，用圖釘固定每一處。

也固定四角以外的部分，然後用螺絲釘把椅面固定在本體上就完成。如此就能簡單改變形象。

完成

●Lesson08

還有這些地方
也能改變模樣！

小地方的重新美化

更換開關面板

1 卸下原來的面板

將一字形起子扳開原來的開關面板與牆壁之間的空隙。小心不要刮傷牆壁。

2 卸下螺絲釘、內框

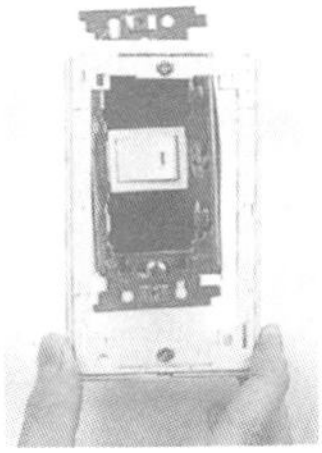

用十字起子卸下螺絲釘，把原來的面板類全部卸下。卸下的螺絲釘與面板小心保管。

完成

蓋上新的開關面板，對準螺絲釘洞的位置，把上方的螺絲釘稍微轉緊後，插入下方的螺絲釘，上下交互轉緊就完成！

更換水龍頭零件

1 卸下原來的零件

用鉗子卸下水龍頭零件的上部鏍栓。卸下鏍栓後，水龍頭零件就能一起取下。原來的鏍栓與水龍頭零件小心保管（下圖是卸下鏍栓與水龍頭零件的狀態）。

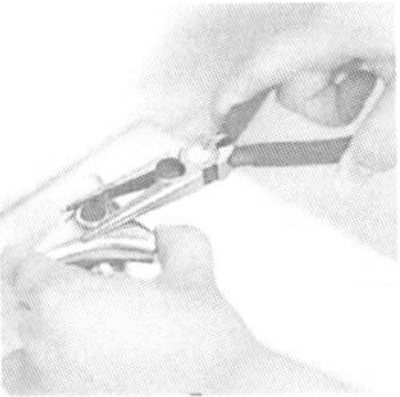

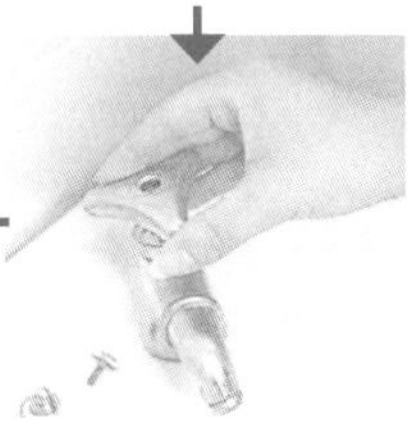

2 裝上新的零件

在裝上新的零件之前，擦去生鏽或髒污。用六角形扳手轉鬆水龍頭零件的裝置部位後，裝在水龍頭上。然後用扳手轉緊。

完成

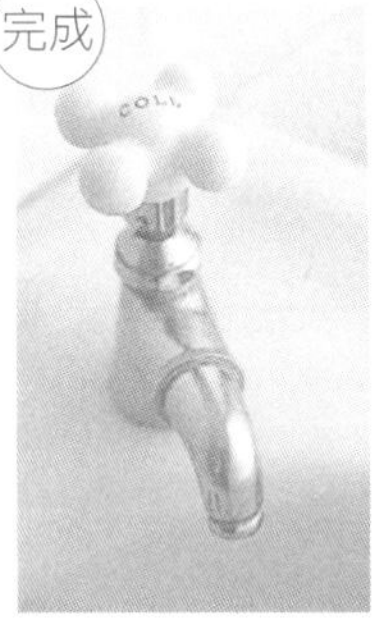

無機質的老舊水龍頭立即變成煥然一新。其實非常簡單，請務必試試看。

更改照明的形象

用布遮蓋

準備能遮蓋日光燈大小的布塊。用齒邊剪刀裁剪布邊，在四角固定穿上釣線的夾子。

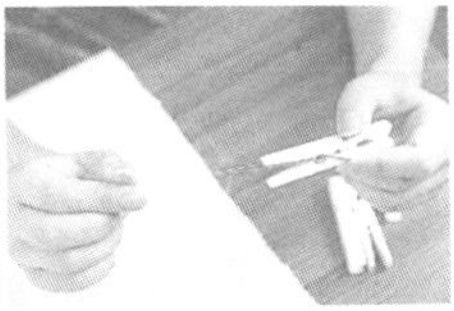

完成

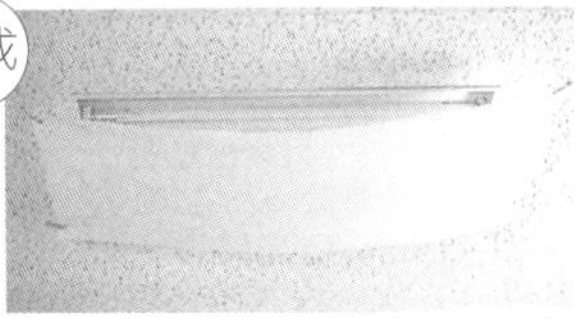

在釣線的各兩端打結，勾在天花板上的針上面。使其鬆垮垂吊在日光燈下方。

貼上透鏡紙

配合原來燈罩的形狀來裁剪透鏡紙，用雙面膠帶來貼。燈罩的形狀如果複雜，就分數片逐片貼上。

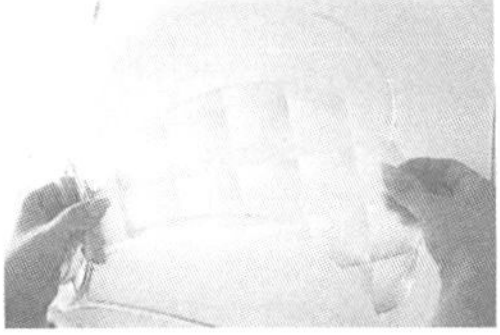

完成

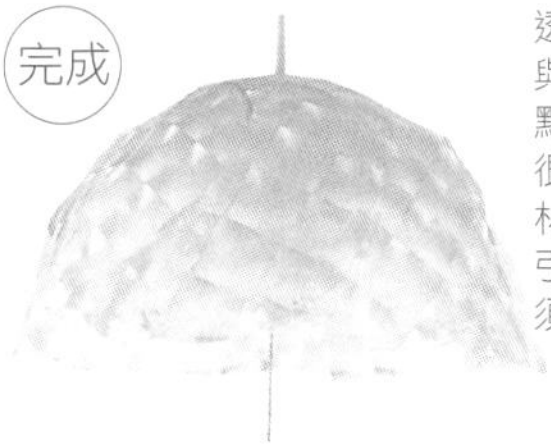

透鏡紙的透明感與蓬鬆形狀是重點。點燈時顯得很美。有些紙的材質會吸熱而有引燃的危險，必須注意。

還有這麼多方便改變模樣的用品

●塑膠貼紙●

塑膠貼紙比印花貼紙更簡便。保留間隔貼在門扉或電器製品上，就變成有個性的條紋圖案。

●磁磚貼紙●

貼在浴室或盥洗室、廚房等磁磚上，就能簡單改變模樣來欣賞。撕下時不會殘留痕跡而能放心。也可貼在木箱等。

●伸縮桿●

不傷壁面來增加收納空間，也是裝置窗簾時有力的夥伴。長短、粗細、材質等種類繁多，可供選擇。

●邊緣膠帶●

背面是黏著面的帶狀壁紙。在牆壁腰的高度貼上這種膠帶，就能欣賞重點式改變的模樣。邊撕剝離紙邊貼就能貼得筆直美觀。

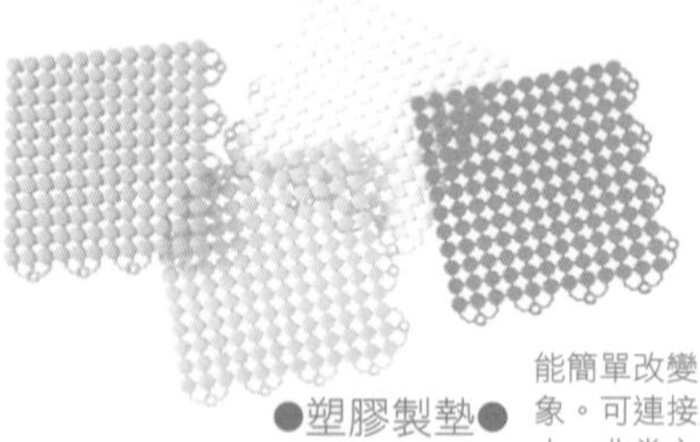

●塑膠製墊●

能簡單改變無機質地板的形象。可連接成自己想要的大小，非常方便。

希望牢記
改變模樣術
5種

1 左右塗油漆成果的是砂紙的磨法

2 貼塑膠地磚時使用弱黏著性的雙面膠帶

3 貼紙能使乏味的家電大變貌

4 改變牆壁、天花板、窗的模樣，只要有布就能搞定

5 對細部也一絲不苟才能成為改變模樣的達人！

萬一留下改變模樣的痕跡時

也可參考14~15頁的修補法！

去除掛鉤或膠帶的痕跡

殘留黏著劑時，塗上就會變軟，再用竹片刮除即可。如果底是布、紙、塑膠或塗裝面，就不能使用。

噴在貼紙上就能去除

噴在想去除的黏著膠帶或貼紙上，就能乾淨清除而不會留下漿糊的痕跡。

第五章

Nice fight against trouble and crime

從防範到心理問題──

單身生活的危機管理術

疾病、災害、自身遇到的犯罪、心理不適……。陸續引起的問題，均靠自力來克服才稱得上是單身生活的達人。為培養自己保護自己的能力，希望牢記以下介紹！

CONTENTS

05·01

有備無患

早日治癒！受傷或生病

Take care of your own health ●●

單身生活容易讓人感到不安的是受傷或生病。
與住在老家時不同，即使發高燒或受傷也無人幫助。
希望在此徹底學習從預防的基礎知識到緊急時的因應法！

●Part 01

以備生病時
不會慌張

平日的準備

醫療機構

首先調查住家附近的醫院

建議從平日就調查住家附近醫院的地點，也勿忘確認哪些醫院24小時受理。記下醫院的電話號碼就安心。

藥

準備最低限度必備的藥物

服用治療疼痛、噁心或發燒等的藥物，暫時控制住後，通常之後會較快復原。因此只要準備最低限度的藥物，就能早期復原。

基本的常備藥

解熱劑（退燒藥）	感冒藥
暫時緩和伴隨牙痛或頭痛引起的發燒而服用。但避免短間隔連續服用。	覺得感冒時絕不要輕忽，徹底因應。在初期階段及早服用非常重要。
整腸劑	**鎮痛劑（止痛藥）**
對腹痛或腹瀉的症狀有效。但如果伴隨腹痛一起出現噁心的症狀，就要就醫。	對暫時鎮靜頭痛、牙痛等有效。對經痛有鎮靜效果的藥較好。
消毒液	**消化健胃藥**
割傷、擦傷等，用水清洗後以此來消毒。如此就能及早治癒。	胃灼熱、消化不良等。如果是因壓力所引起，就必須消除原因本身。

緊急食品

為免餓肚子，準備2天份

因生病感到困擾時，單身生活無法外出購物或烹調。此時自己不設法就沒有東西吃，因此飲料或真空包裝的稀飯等熟食，最好準備約2天份。

醫療用品

準備緊急處置所需的用品

緊急時對受傷或生病的復原有所幫助的是值得信賴的醫療用品。常備確認疾病症狀必要的體溫計，或受傷時緊急處置所需的用品就放心。

建議準備的緊急食品

飲料	發燒時，徹底攝取水分來排汗很重要。常備寶特瓶的水或茶等。
真空包裝食品	準備稀飯或蔬菜湯、燉菜等能迅速準備又好消化的種類。
麵包	其實很好消化，因此適合生病時食用。在冰箱冷凍保存，取出烤來吃即可。
粉末高湯・高湯素	粉末高湯或高湯素，在煮稀飯或菜飯、麵條等時能簡單調味，非常方便。
熟麵條・烏龍麵	即使冷凍也美味。快煮2、3分鐘就能吃，在生病時最好用。
冷凍蔬菜	在微波爐加熱就能吃，因此做為補給缺乏的維生素等營養時不可或缺。
罐頭	水煮蔬菜罐頭、鮪魚罐頭等簡單烹調就能食用。水果罐頭在沒有食慾時也很好用。
碗麵（速食麵）	發燒動不了時值得依靠。加入冷凍蔬菜等來食用就能提高營養價值。

基本的醫療用品

繃帶	打撲或扭傷、擦傷等緊急處置時，需要繃帶來固定貼布或紗布等。
體温計	使用體温計來確認正確的體温是把握自己症狀的第一步。
橡皮帶	綁繃帶時使用，以免傷口感染細菌。多準備幾種尺寸就方便。
貼布	如果是挫傷等伴隨內出血的炎症，就使用有冷卻效果的貼布，如果是慢性炎症，就使用有温熱效果的貼布。

●Part 02

為能早期發現＆早期治療

學習有關初期症狀

把握與感冒的症狀微妙的差異，在惡化之前因應。

容易與感冒混淆的疾病

流行性感冒

出現倦怠、發燒、喉嚨痛等症狀的是所謂的「感冒」。但如果以為症狀類似而輕忽，有時會因流行性感冒而死亡。

流行性感冒與感冒的差異

初期症狀	感冒是從喉嚨痛開始，而流行性感冒則多半是從畏寒或頭痛開始。
發症的方式	感冒的症狀是逐漸進行，而流行性感冒則會急劇出現發燒或關節痛等症狀。
發燒	感冒發燒平均37.5℃，而流行性感冒則會出現39～40℃的高燒。
肌肉痛	感冒通常不會引起肌肉痛，而流行性感冒則會引起全身關節或肌肉疼痛。
全身症狀	流行性感冒的全身症狀比感冒重，有時會出現噁心或腹瀉的症狀。

結核

近來患者人數有增加趨勢的結核，是容易與感冒混淆的疾病之一。往昔是容易致死的疾病，但現今用藥物就能治療。只不過因為是傳染病，為免擴大災害，早期發現是最重要課題。

結核的特徵

發燒	長期持續微燒是特徵。如果微燒持續 2 週以上不退，就可能不是感冒而是結核。
咳嗽	慢性持續乾咳。病情進展後，有時會咳出帶血的血痰。
倦怠感	身體持續疲倦的狀態，稍微活動或做事就會感到疲勞。
全身症狀	每天在傍晚時分會出現37～37.5℃的微燒，每晚睡覺盜汗。

肺炎

感冒嚴重會引發肺炎。如果感冒很嚴重而置之不理，通常會進展成肺炎。這是趁身體因感冒而衰弱時，病毒或細菌到達肺的深處所引起。

肺炎的特徵

咳嗽	出現劇烈的咳嗽，伴隨高燒。逐漸出現咻咻的呼吸聲而沙啞為特徵。
痰	痰多也是肺炎的特徵。有時會咳出黃色、綠色、鐵銹色的痰或血痰。
呼吸困難	持續劇烈的咳嗽，隨著病情的進展，感到呼吸困難或胸痛。
全身症狀	呼吸時感到辛苦，全身的肌肉或關節感到疼痛。

髓膜炎

髓膜炎也是感冒嚴重引起的疾病之一。初期症狀是頭痛，因此容易誤以為是普通感冒。但如果因此而輕忽，病毒就會逐漸進入腦的髓膜中而引起髓膜炎。

髓膜炎的特徵

發燒	發燒到37～38℃，持續打盹般的狀態。病情進展後會引起痙攣。
頭痛	並非發作性頭痛，而是長時間持續壓迫般鈍痛的頑固頭痛。
頸變硬	彎膝坐下時，頸或後頭部變硬，下顎無法靠向膝部等。
全身症狀	從輕微的頭痛，經過1～2天後症狀突然加重，感到噁心想吐。

初期時有效！

向前輩請益

感冒對策食譜

止咳！白蘿蔔飴

白蘿蔔切成1cm塊狀。把白蘿蔔裝入煮沸消毒的有蓋瓶子，倒入淹過白蘿蔔的蜂蜜。2～3天後白蘿蔔浮起，把上層清澈的液體掺水來飲用。

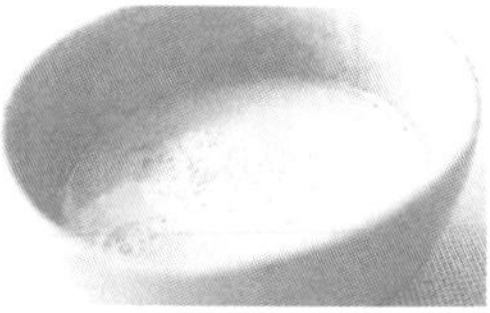

溫暖身體！蛋酒

蛋 1 個打散，加砂糖1～2小匙，攪拌混合。把 1 杯日本清酒在微波爐加熱，然後慢慢倒在蛋汁中混合。

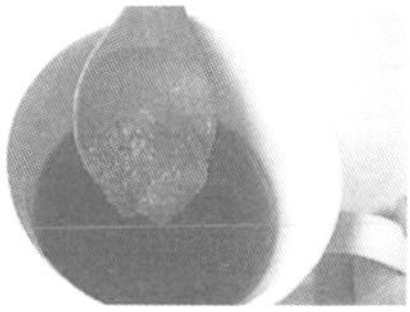

有殺菌效果！烤梅茶

把醃梅放在烤網上烤到表面發黑。把烤醃梅與生薑泥放入杯中，倒入熱茶。最後加醬油來調味。

食物中毒

單身生活時，食材容易吃不完而剩下。如果因「雖然有效期限已過，但丟掉太可惜」而吃，就可能引起食物中毒！為能適切因應這種情況，在此介紹各種食物中毒的特徵，同時確認預防的注意事項。

〈沙門氏菌〉

寄生在牛、豬、雞、蛋等的菌。進入人體後潛伏8～48小時，因此不會立即出現症狀，在吃後的半天到2天後才會出現症狀。

主要症狀

出現噁心或腹痛、腹瀉、發燒約38℃、嘔吐等症狀。在對策方面，沙門氏菌以62～65℃加熱30分鐘以上就會死亡，因此食物徹底加熱後再吃為宜。

〈大腸桿菌O－157〉

起因於被動物糞便污染的食品。尤其是飲水要特別留意。潛伏期間長達5～10天，因此有時吃後10天才發症。

主要症狀

腹痛、38℃左右的發燒、嘔吐、腹瀉、血便等是主要症狀。菌在75℃以上・加熱1分鐘以上就會死亡。因此切過肉的刀具或砧板不要再處理生蔬菜。

胃潰瘍

胃潰瘍的主要原因在於人際關係的問題或壓力。因壓力而使保護胃壁的黏膜或黏液的作用下降，胃酸傷害胃壁而形成潰瘍。通常能以藥物治療，但如果原因是壓力，就必須先排除壓力的原因，調整生活模式，如此才能根本解決。

胃潰瘍的特徵

胃痛	胃潰瘍的胃痛是在空腹時，胃酸滲入胃黏膜的傷口（潰瘍）所引起。
疼痛的部位	腹部上方、肚臍上的胸口附近有壓迫般的鈍痛。
原因	壓力是主要原因，但如果反覆出現強弱的疼痛，可能是幽門桿菌。
飲食上的注意事項	避免高脂肪、高刺激性的食物。因為會導致消化不良，胃液分泌過剩。

女性特有的疾病

乳癌

近來乳癌的發症年齡有下降的趨勢。依據統計，無生產經驗的未婚婦女、肥胖者居多。初期症狀的硬塊或皮膚的凹陷等能自行檢查，因此平時就要留意。

子宮肌瘤

與遺傳或體質有關，連20歲的女性都會發症。雖是小肌瘤，但如果置之不理，就可能影響懷孕或生產。藉由血液檢查與超音波檢查就能簡單發現，因此如果在意，就及早接受檢查。

子宮內膜症

子宮內膜的組織在子宮內側以外的部位增殖的疾病。月經來時，不需要的子宮內膜會和血液一起剝落排出而引起經痛，但內膜症則是在其他部位引起這種現象，因此會在各個部位引起疼痛。

披衣菌

披衣菌是性感染症之一。女性多半因症狀不顯現而容易忽略，但如果置之不理，可能會在不知不覺中導致不孕症。因此早期發現為要，以藥物治癒。

主要症狀

❶分泌白色或黃色的分泌物。
❷披衣菌到達骨盆腹膜時，就會引起原因不明的腹痛。
❸在外陰部稍有刺痛感。

陰道炎

有念珠菌陰道炎與毛滴蟲陰道炎，因大腸菌或些微異物而引起。當身體的抵抗力衰弱時，陰道的自淨作用就下降而容易引起，因此必須注意。

主要症狀

念珠菌陰道炎的情形，會分泌白色乾酪般的分泌物。毛滴蟲陰道炎則會分泌有惡臭的黃色或黃綠色冒泡的分泌物為特徵。

乳癌的初期症狀	
硬塊	無痛性的硬塊。形狀各異，按壓時不痛也不動，因此自己不易察覺。
凹陷	硬塊是癌細胞進入周圍組織所引起，因此皮膚會形成酒窩般的凹陷。
腫大	頸或腋下的淋巴腺腫大，癌細胞進入乳腺使乳房發紅。有時會伴隨發燒。
乳頭癌症	不痛不癢，但從乳頭分泌褐色或紅色的分泌物，潰爛，因此比較容易發現。
子宮肌瘤的種類別．初期症狀	
內膜性肌瘤	如果經血比平時量多，就可能是子宮內膜的肌瘤。進行抑制肌瘤成長的治療。
內膜性肌瘤的瘜肉	有莖性的瘜肉有時會從陰道外露。如果月經完後有出血就要注意。
漿膜下肌瘤	在下腹部中央感到伴隨疼痛的硬塊。但月經來時的經血量不變。
漿膜下肌瘤的硬塊	症狀只有硬塊，因此如果懷疑就去醫院檢查。肌瘤能動手術摘除。
子宮內膜症的初期症狀	
經痛 1	年輕時經痛輕微，但到了20～30歲後疼痛加重時，就要接受檢查。
經痛 2	如果月經來時有嚴重的經痛，而且有時會引起腹瀉，就可能是在直腸引起內膜症。
性交時疼痛	如果性交時會痛，就可能在輸卵管引起內膜症。有發展成為不孕症的危險。

●Part 03

把傷害止於最小！

受傷時的緊急處置

碰撞

「使患部高於心臟」為基本

手腳因嚴重碰撞而引起內出血時，冷敷患部來緩和疼痛，以阻止內出血。此時，使患部高於心臟，就能改善血液循環，而能防止肌肉變硬，及早復原。

扭傷

「冷敷→熱敷」為基本

首先立即冷敷。最好使患部高於心臟來冷敷。此時禁止邊冷敷邊搓揉患部。冷敷2、3天後再熱敷，就能改善血液循環，使變硬的肌肉鬆弛。

骨折

骨折的分辨法

骨折的分辨法有下列4點。

❶ 壓迫時會引起劇痛。
❷ 患部彎曲或突出。
❸ 活動患部時會發出聲音。
❹ 內出血嚴重，患部發熱。之後腫大。

骨折的緊急處置

壓迫患部以外的部位來阻止內出血，冷卻患部。此時使患部高於心臟，隔著脫脂棉或海綿冷敷為要點。待疼痛稍微減輕後，再用鉛筆或硬紙板等支撐，立即就醫。

腹部遭到重擊——切勿撫摸腹部！

腹部遭到重擊時，嚴禁撫摸。因為內臟可能損傷，有使病情惡化之虞。立即就醫，把有無頭痛或噁心、能否說話等現狀清楚告知醫師。

燒燙傷

儘速冷卻！

不斷沖流水來冷卻患部。如果有水泡，不要弄破，用紗布包紮，以免傷口感染雜菌。紗布在火上烘一下就能消毒。

割傷

先保持沉著來止血

用手帕或紗布等用力壓住傷口，保持沉著來止血。從上方用力纏繞繃帶。如果手部等受傷，使傷口高於心臟就能及早止血。

刺傷

不要急著拔出刺！

拔出刺可能會使一部分刺殘留體內，傷害血管或神經。因此不要動刺，趕緊就醫。

不必去醫院——

解決簡單疑問手冊

Q1 感冒的時候不能泡澡嗎？

感冒時泡澡擔心可能會受涼。但其實只要留意泡澡的方法就沒問題。慢慢泡39～40℃的溫水，使身體的內部暖和起來。

Q2 頭痛嚴重時冷敷還是熱敷？

頭痛說來簡單，症狀卻各異。如果是因感冒等伴隨發燒的頭痛，冷敷較能緩和發燒與倦怠感。但如果是因疲勞或壓力等肌肉緊張引起的頭痛，就熱敷頸部、頭部。

Q3 夏天感冒時仍需要保暖嗎？

除非有畏寒的情形，否則保暖有時會消耗體力。開冷氣來緩和情緒較好。

Q4 感冒藥與腸胃藥能同時服用嗎？

市售的成藥原則上不行，但依藥物而異，最好請教藥劑師。藥物的效果有持續性，因此即使間隔一段時間服用也不行。

Q5 藥一定要喝水服用嗎？

原則上喝水服用。用水以外的飲料服藥，有時會使藥效變差。尤其葡萄柚汁會為各種藥物帶來影響，因此必須特別注意。

Q6 何謂「餐間」？

服藥時間的「餐間」是指「空腹時」。基準是飯後2小時服用。

Q7 肩痠時冷敷還是熱敷？

如果想消除疼痛就先冷敷，之後再熱敷來鬆弛肌肉。尤其是慢性的肩痠，慢慢熱敷為宜。

希望牢記

受傷・疾病的 5種因應法

1. 藥物、緊急食品必須萬全，以備緊急之需
2. 了解疾病的知識，早期發現、早期治療
3. 受傷時，使患部高於心臟
4. 用途不同的藥不可同時服用
5. 嚴禁自行判斷，感到不適時趕緊就醫

網路速查！醫療資訊

King Net 國家網路醫院
http://hospital.kingnet.com.tw/
這是全球最大華文健康諮詢網，裡面有免費醫療諮詢、藥名查詢、線上問診區等，在醫療上有任何疑難雜症，都可藉由豐富的醫師群及專欄文章來解惑。

藥證查詢系統
http://203.65.100.151/DO81E0.asp
單身生活的人有時為了方便會選擇就近購買成藥，但由於此舉未經過醫師指定，故要留心用藥安全的問題，並且確保藥物是否已通過衛生署檢驗合格。

行政院衛生署 消費者資訊網
http://consumer.doh.gov.tw/fdaciw/pages/index.jsp
裡面有最新食品安全事件、用藥知識、消費者保護等多項豐富資訊，提供最可靠安全的消息。

05·02

自身的安全自己保護！

思考有關單身生活的防範

Powerful security against the crime ●●

連日在電視或報紙報導重大的犯罪。
因此已經不再能說「不關我的事！」
尤其單身生活更要注意每天的生活是否讓人有漏洞，
如何提高住家的防範度，
在此徹底檢查以防範鎖定你的歹徒！

●Section 01

確實保護自己的住宅！

闖空門對策

檢查竊賊的基本資料

被闖空門的時段為何？

竊賊偏好的時段是鄰居都不在家的上午10點到下午4點之間。但他們通常會事前觀察再下手，因此這個時段之外的時段也未必就能安心。

花幾分鐘就會放棄下手？

依據警方進行的調查，竊賊超過10分鐘以上才能進入屋內就會放棄下手，因此裝上二道、三道鎖，讓竊賊花很長時間才能進入就能提高安全度。

竊賊會做何種裝扮？

他們通常會事先觀察附近的街上，選擇走在街上不會顯得突兀的裝扮，據說穿正式西裝的竊賊越來越多。

闖空門的手法

〈玄關〉

手法1 撬開門鎖侵入

把特殊工具插入鎖孔來開鎖的手法。一般住宅最常裝設的「喇叭鎖」最不耐撬開，據說慣竊只需10秒就能撬開。竊賊有時在下手時被撞見，有可能發展成為社會案件。

手法2 新的手法！「啟開突輪鎖」侵入

把極細的工具插入喇叭鎖或門的縫隙開鎖的手法。此手法是鎖定容易開的鎖，請檢查自己家中的鎖。

手法3 破壞信箱，「轉開把手」侵入

位於門的內側有開閉鎖的如「門鈕」般的把手。因此破壞裝在門上的信箱把手伸進，或把工具插入門的縫隙，旋轉把手來開鎖。

手法4 鎖定忘記上鎖來侵入

其實意外多的是鎖定忘記上鎖，而從玄關堂堂侵入的手法。竊賊會事先觀察居住者每天的行動，因此平時行動粗心大意的人容易被鎖定。

手法5 使用藏在玄關附近的備用鑰匙侵入

也有使用藏在玄關附近的備用鑰匙侵入的案例。竊賊會在信箱中、水錶中等到處尋找，因此備用鑰匙不要放在屋外。

〈窗〉

手法6 破窗開鎖侵入

雖說破窗，也不會發出大聲響打破玻璃進入。而是在玻璃窗開小洞，把手伸進去打開窗的鎖。

〈陽台〉

手法7 利用踏台從陽台侵入

住家在2樓以上的人也不能大意。因為可能鎖定隱蔽的窗或陽台，利用電線桿或圍牆為踏台侵入。此外，也有使用繩索等從屋頂下降，鎖定最高樓層或高樓層的手法。常說「最高樓層的危險次於1樓」。

你的住家安全無慮嗎？

容易被鎖定的住家

符合項目多的住家應特別提高警覺。如果準備找房子，必須事先檢查這些項目！

- □建物興建在人煙稀少的道路面
- □陽台的欄杆沒有空隙，又高，從外看不到內部
- □在建物外有可做為踏台的東西（如配水管、圍牆、電線桿、鄰家的屋頂等）
- □建物頂樓有平台，任何人都能自由出入
- □從外看不到玄關，變成內走廊形式
- □陽台或窗從道路來看變成死角
- □住家在1．2樓或最高樓層
- □住家正好在電梯前

形成竊賊不侵入的住家！

〈不在家時對策〉

容易不在家的單身生活，是竊賊最佳的目標。亦即，如何隱蔽「不在家」是要點。回家晚的日子，在電視或燈具設定計時器，就會自動發出聲音或亮光。

！不讓信箱堆積報紙或郵件

在信箱堆積的報紙或郵件，成為竊賊判斷有沒有人在家的材料。如果要出差或旅行等長期不在家，就請暫停送報或郵件。

！答錄機 不要留下訊息

「我在○日到○日去旅行，不在家」，這種在答錄機留下訊息的做法最糟糕。留下平時的接聽訊息即可。

〈玄關的門對策〉

以前曾因撬鎖犯罪而更換鎖，暫時減少3分之2左右，但最近又再度增加。而且如156頁般手法翻新，以及撬開門等粗糙的手法也增多，因此必須採取對策不可。

！換鎖

換成不易撬鎖開的鎖或防止啟開突輪的鎖，或裝置輔助零件較有效果。先與房東（或管理公司）商量。但費用的負擔比例則依情況而定。

！裝置輔助鎖

防盜的基本法則是「一個門‧二道鎖」。務必在門裝置輔助鎖。如果是不用螺絲釘的類型，就不必擔心門受損。如果是用膠帶等黏著的類型，只要徵求房東（或管理公司）的同意就不會造成糾紛。

！確實上鎖 不藏鑰匙

即使去附近的便利超商，也要確實上鎖。嚴禁把鑰匙藏在水錶箱或信箱內，因為慣竊很快就能找到。此外，前任住戶可能持有備用鑰匙，因此在入住時必須確認已經換鎖。

〈窗戶對策〉

！窗戶也裝置輔助鎖

窗戶基本上也是「二道鎖」。即使住在上面樓層也不能大意。窗用輔助鎖簡單裝置的類型多，價格也合理，請務必裝置。

！貼特殊軟片 防止玻璃窗被破壞

在DIY店出售的由40層構成的多層構造軟片值得推薦。因為需要持續發出1分鐘以上的破壞聲響才能破壞，如果貼在鎖周圍的玻璃窗，就能有效抑制玻璃被破壞。

〈陽台對策〉

！裝置防盜燈

陽台的視野如果不佳，務必裝置防盜燈。依據警方的調查，竊賊闖空門時放棄的理由，防盜燈約佔35%，因此請務必裝置。人一靠近，感應器就會自動點燈，不到一仟元就能買到，請考慮裝置。

！放置障礙物，阻礙進入

在陽台放置障礙物，來設法阻止竊賊進入。放置園藝的盆栽或裝入大量空瓶的垃圾袋等，倒下就會發出聲響的物品就有效果。但如果變成竊賊隱身的場所就會造成反效果，請注意。

人或車一進入探知範圍內，就自動點燈的感應器。

● 裝置輔助鎖前

檢查自家玄關的鎖

玄關的門或鎖的種類很多，因此能裝置的輔助鎖也有限。在挑選輔助鎖時，先仔細檢查自家門的構造再購買。

檢查廠牌、型號

譬如「KC 933」等刻印是指「KC」的廠牌、型號「933」之意。除此之外，還有GMT、YBU等廠牌。

檢查門的厚度

裝置輔助鎖時，必須了解門厚度的尺寸。以mm為單位正確測量。也要確認門框（門闔上的部分）的寬度與縫隙的尺寸。

檢查門的開閉方式

自家的門是向右開還是向左開，向內開還是向外開，也必須檢查。

有裝飾板的類型

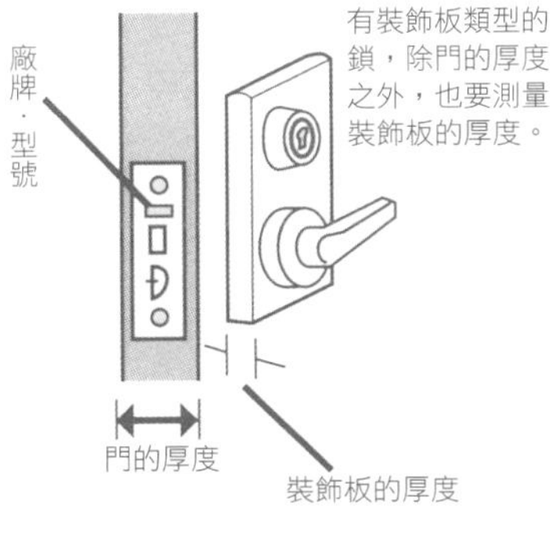

沒有裝飾板的類型

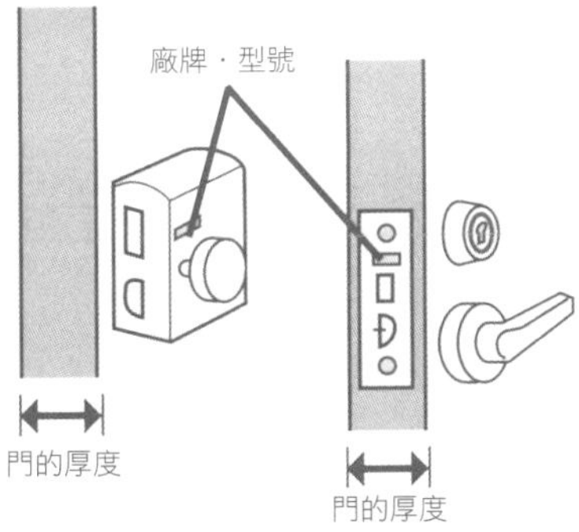

●Section 02

不再事不關己！

變態對策

檢查變態的基本資料！

變態是什麼樣的人？

對鎖定的對象執拗進行監視、跟蹤的人稱為變態。因為是以關心對方等任何人都會有的情感為出發點，因此任何人都可能成為這種人。

變態的目的為何？

變態的目的最常見的是單方面要求交往。尤其如果是前男友或前女友，雙方曾經交往過，因此很難控制情感。此外，也有對陌生人產生性趣的案例。

變態的手法與對策

手法1 收集個人資料

翻找下手對象的家中垃圾，或從信箱抽走郵件，任意收集私人的資料。也會撿對方丟棄的收據。

！保護個人隱私

變態想要知道鎖定對象的個人隱私。舉凡請款單或信件等記載住家地址或電話號碼、電子信箱的垃圾都必須撕碎，或用碎紙機裁斷再丟棄。信箱如果沒有鎖，就要自行安裝。此外，也不要把自己的行動電話號碼或電子信箱隨便告訴他人，可能招致危險。

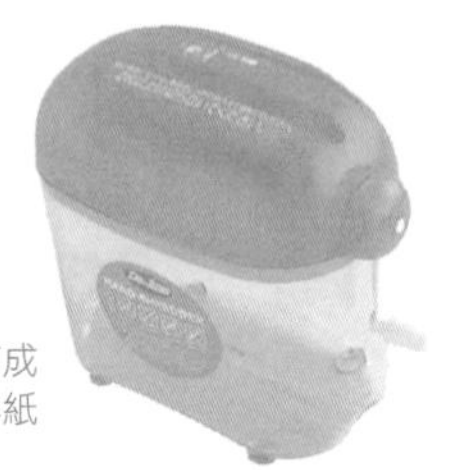

把明細表裁剪成碎片的手動碎紙機。

手法2 跟蹤回家的路線

尾隨對方鎖定住家後，從外部監視。有時會趁機強拉到暗處，或闖入住家襲擊。

！勿每天行經同樣路線回家

對你產生興趣的變態，大多會事先觀察、尾隨、埋伏、等待。因此如果你每天行經同樣路線回家，宛如告訴對方自己的行動模式。最好尋找幾條回家路線。

！勿每天去同一家便利超商

去便利超商本身就宛如告知對方自己是單身生活。如果每天都去同一家便利超商，就可能成為被鎖定的目標。此外，不要在半夜買便當等單身生活者常買的食品。

！隨身攜帶防狼鳴響器以備緊急之需

防狼鳴響器也是保護自己的防止犯罪用品之一。聲音的大小是購買時的要點。建議選擇發出130分貝（聲音大小的單位）以上聲音的類型。

手法3 在電梯等密室襲擊

趁只有2人搭乘電梯時襲擊，或偷偷尾隨到住家玄關前，趁你開門時強行闖入的手法。

！如果有可疑的人尾隨進入，就按下所有樓層的按鈕

搭公寓的電梯時，如果有形跡可疑的人一同搭乘，就多按幾個樓層的按鈕，當電梯停在下個樓層時就立即出去。此外，如果電梯中只有一名男性，最好不要搭乘。

手法4 打電話騷擾

撥打無聲電話或猥褻電話、粗話電話等，以不出現在被騷擾者面前的模式。

！明確告知「我要報警」

打騷擾電話的目的是享受對方的反應。因此接到這種電話時不要情緒化反應，措辭嚴厲的告知「我要報警」。當接到這種電話時，就記下日期時間做為日後證據。此外，建議使用會顯示來電號碼的電話機種。

！利用電信局的服務

中華電信提供市話「來話過濾」，客戶自行設定要接聽之電話號碼與不欲接聽之電話號碼，月租費為30元。亦有提供行動電話「來話黑名單服務」，以及過濾隱藏號碼發話的可疑電話。另外還有各家電信皆適用的直撥電話：「165反詐騙諮詢專線」。

！以竊聽．偷拍偵測器來檢查住家

擁有一台竊聽．偷拍偵測器也是一招。但有時會干擾通信機器的電波，因此最好委託專門業者。

激怒變態！對變態的禁止事項

辱罵對方

變態這種人僅考慮自己的方便來行事。如果辱罵或對他說教，他會以為你關心他，而更變本加厲。

單獨與他對話

單獨與他對話，他會以為你對他有好感，不知會做出何種行為。及早表達拒絕之意，如果還不罷休，就請第三者加入對話。

態度曖昧

以「現在我工作很忙」、「有關今後的事我要再想想」等曖昧的態度來回應是最大的禁忌。對方會以為時間一久就能建立的親密的關係，不達目的絕不罷休。

●Section 03

絕不要忍氣吞聲！

強制推銷&勸誘對策

強制推銷‧勸誘的手法與對策

手法1 以花言巧語推銷產品

偽裝身分，讓你開門後，以巧妙的手法推銷產品的模式。這些人懂得觀察對方的臉色來改變手法，利用對方曖昧的態度來進行。

！切勿立即簽約

即使想買，也不要當場立即簽約或付款，先找人商量再決定。越對自己眼光有自信的人越要注意。必要時斷然說「不」來拒絕。

！想出拒絕的方法

拒絕的方法有以下的例子，❶告訴對方「我身體不舒服」、「今天很忙沒空聊」。❷當對方說完告一段落後，就回答「你說完了吧！我不要」。❸不管對方說什麼，都面無表情、沒有反應來對應，即使對方提出問題也不要回答。總之不知如何拒絕時，就試試看這些方法。

手法2 以強迫來勸誘

有時一再拒絕，對方仍不死心，而還會顯現強勢的態度來進行威脅性的勸誘。如果此時你招架不住，就可能會簽約。

！不要開門！

最好的對策就是不開門。先從門眼確認是什麼人，如果有必要開門，也拴著門鏈來對應。如果感覺對方可疑，就要求提出證件來確認身分。

！如果執拗勸誘訂報就向報社總公司投訴

有關勸誘訂報的投訴，可向報社總公司的諮詢窗口反應。有關勸誘、推銷雖是由各營業所管轄，但只要向總公司反應，投訴就會轉到該地區的營業所，然後由營業所轉到銷售店，情節嚴重時可能會下達停止營業命令等來處分。

網路速查！保護資訊

服務單位	電話
內政部全國保護您	113
勵馨基金會蒲公英諮商中心	02-2362-2400・02-6632-9595
台北市家庭暴力性侵害防治中心24小時婦幼保護專線	0800-024-995
女子警察隊保護婦孺及緊急庇護專線	2346-0802・2759-0761
台北市現代婦女基金會（遭家庭暴力／性侵害／性騷擾婦女）保護您專線	2391-7128・2391-7133・2358-3030

性騷擾相關諮詢專線

服務單位	電話
台北市性騷擾評議委員會	0800-089-995
婦女新知基金會性騷擾申訴專線	02-2502-8720

希望牢記

5種防範對策

1. 防盜的基本是「一個門・二道鎖」
2. 竊賊的弱點是有關亮光・聲音・犯罪所需的時間
3. 不要隨便告知個人資料
4. 隨身攜帶相關單位的騷擾保護專線
5. 自己發明一套拒絕勸誘的方法

向前輩請益

強制推銷・勸誘拒絕法

感覺可疑就確認對方的身分！

如果對方說來檢查抽油煙機與瓦斯栓，就會先確認清楚。問他姓名與公司名稱、單位名稱與電話號碼。日前來的一名男子，一聽到我問電話號碼就走了。（25歲／女性）

即使被識破有人在家也不理會！

以前曾有過一次被騙的經驗，就是當對方說「我知道你在家！因為電錶在跑」來威脅後，結果開門而被迫訂報。但後來仔細想想，即使沒有人在家，電錶也會跑。自此以後就徹底不理會勸誘！（23歲／女性）

對美容的勸誘以慘痛的經驗來拒絕！

接到美容院的勸誘電話時，就回答「以前去過你們的美容院，結果全身長蕁痲疹！請先賠償我治療費！」。聽到這種回答後，通常就說一句「對不起」，然後啪一聲掛掉電話。（28歲／女性）

我自己發明一套拒絕勸誘的方法。

為避免勸誘的糾纏不清，我發明一種對應的方法。就是一律告知「我只是幫忙看家」或「我快要搬家了」，結果這5年以來都沒有再遇到麻煩。（26歲／女性）

05·03

發生就為時已晚！

平日的防災手冊

Perfect manual against disaster ●●

住在老家時不太意識有關地震、火災或颱風等天然災害，
但單身生活時就必須自己因應。
為維護自身的安全，如何把災害止於最低限度——。
在此學習有關災害的基礎知識與因應法，
在緊急時就不會方寸大亂。

●Part01

為能儘量避免受災
地震對策

發生地震時檢查應先做些什麼

1 熄火

如果正在用火時感到搖晃，立即熄火以防止火災。但如果搖晃得很劇烈，可能會被燒傷，因此事後再熄火。搖晃劇烈的情形，通常1分鐘就會平息，因此事後再熄火也不遲。萬一火燒到天花板的程度，就自己用滅火器來滅火。

2 開門開窗來確保逃生路

地震後有時會因建物歪斜而打不開門或窗。因此儘早打開逃生方向的門或窗來確保逃生路。此外，平日就要整理玄關的周圍，緊急時才能順利逃生。

3 維護自身的安全

地震發生時，不要匆忙向外跑，鑽到桌下，用墊子蓋住頭。如果用雙手保護頭，就離頭稍遠來形成緩衝。必須牢記傾倒的家具或掉落的燈具等家中的物品，有不少可能成為地震時的凶器。

避難時的注意事項

1 首先關閉瓦斯的總開關 拉下電力的斷路器

瓦斯的供應會因地震而自動停止，但與總開關之間殘留的瓦斯會因地震的衝擊或掉落物而外洩，電力的開關因還開著而可能變成過熱．短路。因此先關閉瓦斯的總開關，拉下電力的斷路器。

2 前往臨時避難場所

臨時避難場所通常指定在附近的公園或學校等。縣市等指定的廣域避難場所有時離住家很遠，因此先觀察臨時避難場所的狀況，必要時再前往避難。

3 原則上以步行逃生

避難時原則上是徒步。不要搭乘電梯。小心磚牆或門柱、自動販賣機等容易傾倒的物品，另也要注意街上的招牌等掉落。

做好地震的準備以備緊急之需

準備1 儲備糧食

水

人一天至少需要的水是3ℓ。因此建議家中常備3瓶寶特瓶量的水。也可以茶或清涼飲料來代替水。

真空包裝食品

只要加熱就能吃而非常方便。準備燉菜等添加蔬菜的種類。

罐頭

魚或蔬菜、乾麵包等食用簡便，因此請準備。最近也有麵包的罐頭。

乾燥的食品

餅乾或馬鈴薯片等耐久的乾燥食品最適合。

至少要準備的防災用品

桌上型小瓦斯爐	在遭逢大地震時，很多人因沒有這種用品而感到十分不便。準備小型瓦斯爐，在緊急時刻很方便。
攜帶式收音機	收聽避難資訊或糧食分發場所時需要。手電筒與收音機成套的類型較為方便。
手電筒	地震後有時會停電，因此在暗處避難時不可欠缺。偶爾檢查裡面的電池是否還有電。
各種電池	收音機、手電筒等用品，沒有電池就毫無用處。因此備妥備用電池，以免使用時沒電。
工作手套	在地震後的作業中可防止手受傷。寒冷的季節還可代替手套來保暖，非常方便。建議多準備一些。
濕紙巾	有時會在避難中受傷，或在避難所無法洗澡。可用來擦拭傷口或髒污以保持清潔，準備幾包就夠用。

準備2 避免家具傾倒

在遭逢大地震時，許多人都被家具壓傷或壓死。因此大型家具或架子，用防止傾倒用品來固定。此外，家具的擺設也要注意。如果家具可能倒向睡覺場所，或阻礙逃生路，就要設法改善。笨重或大型物品如果位置高，就換到低處。

準備3 餐具櫃的門上鎖

門有鎖的餐具櫃就設法上鎖。此外，如果是開放式櫃，就把餐具裝入箱子或籃子，用膠帶一起固定在櫃內。

準備4 鋼架的上層不要放置重物

沒有門的鋼架，發生地震時擺放的物品可能會掉落。因此不要放在床的附近，重物擺在下層，裝入箱子或籃子收納在櫃內。

準備5 玄關不要放置高的家具

玄關或其附近如果放置高的家具，會因搖晃而傾倒，阻礙逃生路。此外，鞋櫃的門因搖晃而打開使內容物掉出來時，也可能阻礙逃生路，因此必須固定。

準備6 設法避免陽台的花盆掉落

如果陽台有花盆，可能會掉落而使樓下的人或行人受害，因此建議利用竹簾等擋在欄杆之間，以免花盆掉落。

準備7 檢查建物內的緊急出口

建物中每層樓有無滅火器，緊急出口是否堆積物品，有無老朽的牆壁等都要檢查。只要發現一項令人擔心，就不要客氣向房東反應。

準備8 確認避難場所與避難路徑

單身生活的人，其實對居住的當地並不熟，因此從平日就要確認避難場所，以及前往該處的路徑。但災害發生時，不要為了搶快而走狹窄的道路，可能會發生危險！因為磚牆或招牌可能會掉落。

●Part 02

小的火種有時會演變成慘事！

火災對策

檢查萬一發生火災時的逃生路

1 逃生時必須關上門

萬一自家發生火災，火燒到天花板時，就不要自行滅火，迅速逃出避難。逃生時要確實關門以阻斷空氣，避免火災繼續擴大。儘量減少受災最重要。

2 避免吸入煙以匍伏來逃生！

火災死亡的原因多半是吸入過多的煙所導致的呼吸困難（窒息）而非燒傷。在煙中，把姿勢放低，用濕毛巾或手帕摀住口鼻以免吸入煙。此外，如果走樓梯逃生，下樓時採上仰的姿勢，上樓時採匍伏的姿勢。

避免自己引起火災的防災要點

火災的原因多半是自己不小心。如果養成躺著抽菸、在暖爐附近曬衣物、在火附近裝飾布娃娃等容易引起火災的生活習慣，就必須立即改善。

注意火災的原因！

香菸

香菸的火達到700~800℃的高温。有時以為已經熄滅，但其實並未完全熄滅，因此必須注意。煙灰缸最好裝水，並且勤於清理菸屁股。

火爐

火爐位置必須與牆壁隔一段距離，周圍不要放置易燃物。在油炸中即使離開一會兒也要關火。

暖氣器具

勿在窗簾或家具、晾曬衣物或被子類等附近放置暖氣設備。連小型的電暖爐也可能會導致火災，必須留意。

插座

插座的插孔如果累積灰塵或帶有濕氣，就會通電而引起短路，有時會冒出火花或煙（漏電現象）。尤其是冰箱或電視的插座，多半設在看不到的場所，因此必須留意。

電線

電線綁成一束來使用時，會因無處散熱導致高温而危險。此外，把家具放在電線上壓迫也會發熱，而成為火災的原因。

住家的周圍

舊報紙或雜誌、瓦楞紙箱等，不要因室內放不下而一直堆放在室外。因為在外出中或就寢中可能遭人放火而引發危險！

學習迅速撲滅小火種的技巧

滅火器的使用法

滅火器的基本使用法，❶拔出安全栓。❷拿著管尖對準火源。❸用力握緊槓桿。

但請牢記「能自行撲滅的是火燒到天花板前」。

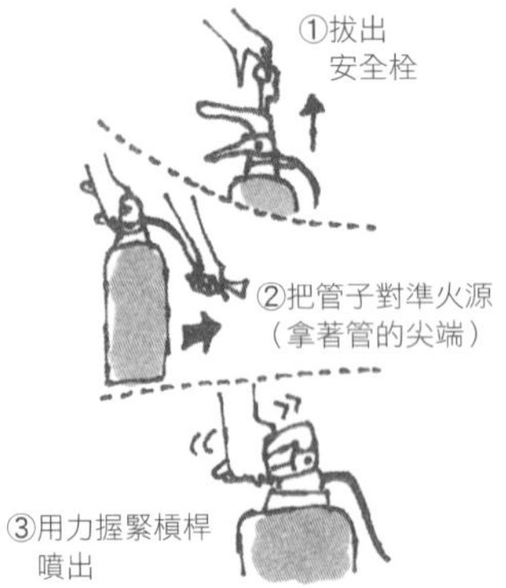

①拔出安全栓
②把管子對準火源（拿著管的尖端）
③用力握緊槓桿噴出

初期滅火的祕訣

被子燃燒時

看似好像已經撲滅，但有時裡面的火種還在悶燒，因此多澆一點水來確實撲滅。

電器製品燃燒時

水會通電，因此胡亂澆水就會觸電。先拔掉插頭，最好拉下斷路器，然後用滅火器或澆水來滅火。

油燃燒時

澆水有時會助長火勢，因此絕對不行。首先沉著關閉瓦斯的總開關，把濕毛巾或床單蓋在鍋上來阻斷氧氣。

燒到窗簾時

先從軌道扯下，遠離天花板。然後用腳踏或澆水來滅火。注意不要燒到自己的衣服！

火燒到衣服時

可以澆水，但如果燒到背，就在地上翻滾來滅火。如果燒到頭髮，就用毛巾蓋住頭，但化纖材質易燃，因此不要使用。

●Part 03

每年都會發生
因此有備無患

風災水災對策

發生風災水災前檢查住家環境

每年的颱風來襲，總因能某種程度預測，而容易掉以輕心。但其實災害頗大。尤其是住在老舊房舍或水邊的人更要特別注意。

檢查表

□	是否把陽台的花盆移入室內
□	建物的背側有無容易崩塌的土砂
□	建物周圍的排水溝是否清掃
□	建物如果位於高地，地面有無龜裂
□	窗框有無滲水的縫隙

發生颱風時應注意的事項！

所謂「颱風」，就是指風力8級、風速達17m／秒以上的低氣壓。這種狀態無法面向風走路，街上的招牌會首先被衝擊。當風速達到30m／秒時，屋頂會被掀飛，住宅可能被吹垮。此外，颱風也會造成土石流等二次災害的危險性。

1 確實收集資訊

颱風能事先預測，因此先仔細收聽天氣預報。此外，事先準備攜帶式收音機與手電筒，以備停電之需。在屋內靜待颱風通過，當政府發出避難的指示，就能立即避難。

2 檢查陽台

盆栽或曬衣竹竿等如果被風吹飛，不僅自己危險，也可能導致他人受傷。因此颱風接近時一定要移入室內。在陽台種花的人特別要注意。

3 採取窗戶對策

玻璃窗可能會被吹破，因此如果有遮雨板就要緊閉，如果沒有就用膠帶貼成×型，或拉上厚的窗簾。老舊住宅在縫隙貼上膠帶或塞入毛巾以免雨水滲入。

具備有關颱風的知識！

何謂「暴風範圍」？

颱風中心（颱風眼）的周圍即為廣大的暴風範圍。自颱風眼往外至平均風速15m／秒的地方，亦即相當於7級風處，這一段距離為暴風半徑，在暴風半徑以內的區域就是暴風範圍。一般氣象學家將7級風及10級風（見蒲福風級表）範圍定為颱風的「暴風圈」。在颱風眼的邊緣是颱風風力最強的地方，愈往外風愈小。

何謂「每小時降雨量○㎜」？

在此所謂的「㎜」，是假設雨水不會流到他處的情形下，表示可達多少深度的單位。把洗臉盆放在屋外，1小時後測量的水深就是每小時的降雨量。所謂「像打翻水桶般的降雨」，就是每小時降下30㎜以上的雨。

「颱風眼」幾小時會脫離？

「颱風眼」就是颱風的中心，進入時會暫時恢復天候。如果是強烈颱風（半徑500~800㎞）、時速100㎞／時，大約5~8小時就脫離，再度引發暴風。因此可趁進入颱風眼時趕緊出門採購或補強住家周圍。

希望牢記
防災對策
5項

1 事先確認災害發生時的避難場所與避難路徑
2 設法避免家具傾倒以防萬一
3 隨時檢查火源，以免自家引起火災
4 牢記初期滅火的方法，把災害止於最小
5 檢查住家環境與收集資訊是把災害止於最小的關鍵

05:04

漏水、蟲害、隔音

克服住家「難題」的補習班

How to solve the accident in your room ●●

廁所的馬桶水流不止！浴缸長霉！蟑螂出沒！鑰匙遺失！
雖然單身生活的空間小，每天突發的難題卻不少——
為能自行解決，以下收集各種
從住宅的修理方法到趕走討厭害蟲的方法等有益的資訊，
以供參考。

●Part 01

可自己動手修理就自己來

住宅的修理術

準備基本的修理用具

活扳手	可自由更改寬度，因此能轉緊或鬆開大小不同的母螺或六角公螺等。
十字起子	如果尖端是磁鐵的材質，就能把螺絲固定在起子，使作業順利。
一字起子	用來轉緊或鬆開一字形螺絲，在撬開蓋子時也好用。
鉗子	適合用來剪斷鐵絲、拔釘子等簡單的作業。如果準備大小不同的鉗子就更方便。

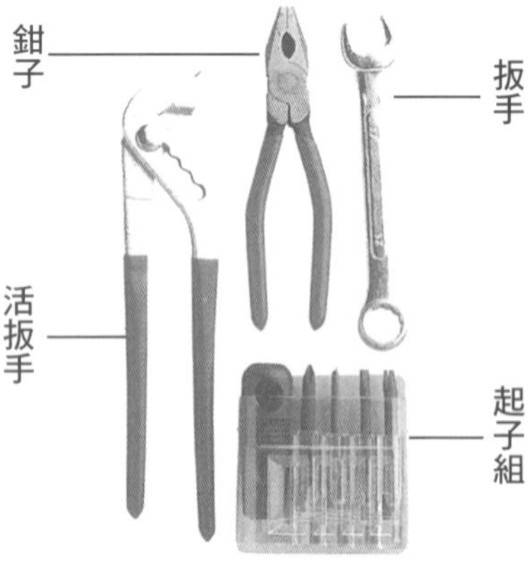

沖水馬桶的「故障」解決法！

先了解沖水馬桶的結構

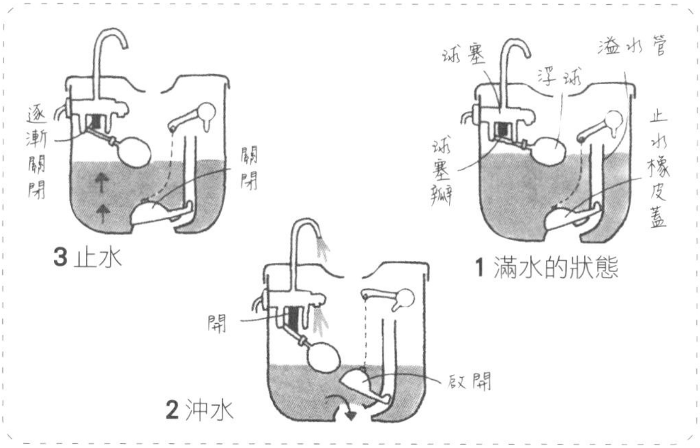

沖水馬桶的水箱結構如上圖所示。注滿水時浮球的位置就上升，關閉球塞瓣，停止注水。反之，水減少時，浮球就下降而打開瓣，注水。從這種沖水馬桶的結構來找出故障的原因與修理法。

！沖水馬桶水流不止！

原因

掀開馬桶水箱蓋，確認裡面的狀況。必須注意的事項第一是球塞瓣，第二是水位，第三是止水橡皮蓋的狀態。

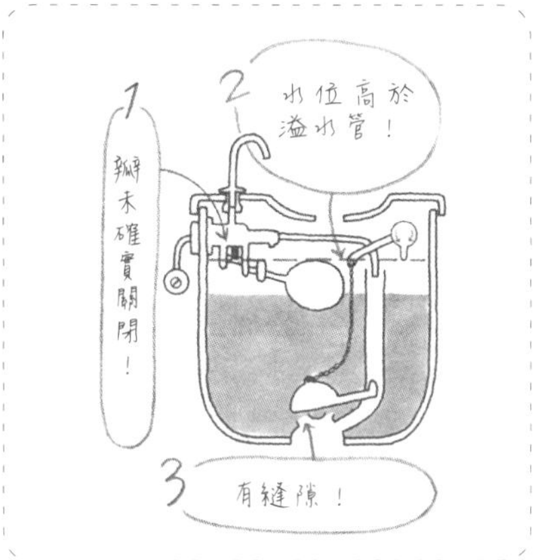

修理法

如上圖所示，球塞瓣如果不能緊閉，就可能是瓣生鏽。清除瓣縫隙的垃圾或鏽。2的情形可能是浮球進水而浮不起來，必須更換浮球。3的情形要檢查止水橡皮蓋是否夾有垃圾，是否移位。如果劣化就要換新。可通知房東來更換。

馬桶的水不流！

Case 1 水箱內沒有水

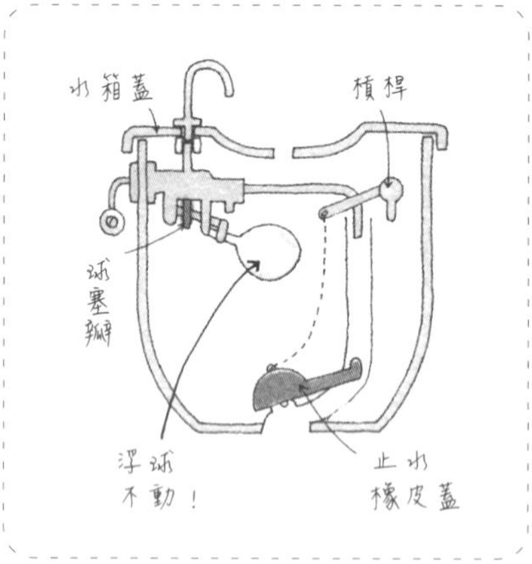

原因

以水箱的結構來說，水位下降時浮球也跟著下降，球塞瓣啟開來補給水。但浮球不下降，不能沖水。

修理法

檢查鏈條是否鉤住浮球，支臂部分是否生鏽。如果都不是，就可能是浮球本身劣化，必須更換。

Case 2 馬桶內沒有水

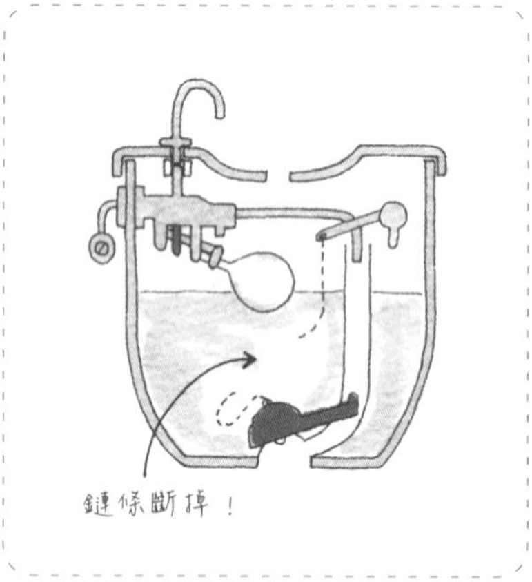

原因

通常壓下槓桿時，鏈條被拉扯而使止水橡皮蓋抬起，水箱的水就沖入馬桶。但如果原因在於鏈條斷掉，水當然就不能沖下去。

修理法

緊急處置時可用手邊的鐵絲或繩索來連接鏈條暫時修補。之後再購買新的鏈條更換。

門扉旋鈕的「故障」解決法

！鎖卡住

原因

可能因反覆插入拔出，使內部的針活動變差。

解決對策

去鎖店買鎖用潤滑劑。噴在鎖孔或鎖，插入拔出數次就能恢復順暢。

！門扉旋鈕鬆動

原因

原因通常是裝置在門上時未裝好。

解決對策

先取下握把，然後卸下圓座，用十字起子重新轉緊位於內部的螺絲。然後組裝回去即可。如果還是不行，就請專門業者來幫忙。

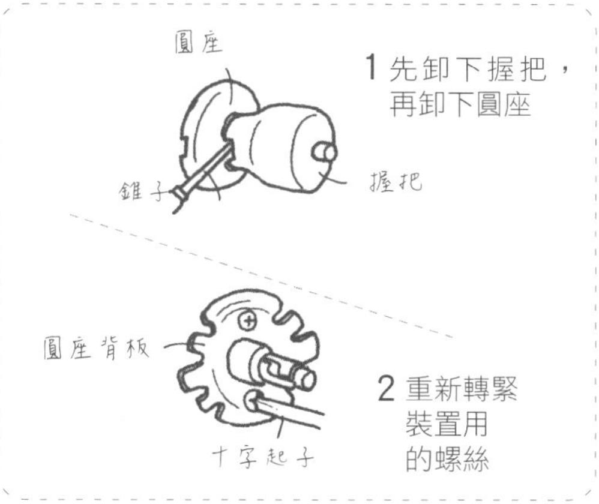

蓮蓬頭的「故障」解決法

了解蓮蓬頭的結構

出水不良等問題舊型的蓮蓬頭經常發生，就從水溫調節拉把來微妙調節水溫。附帶去除垃圾的「濾器」為特徵。

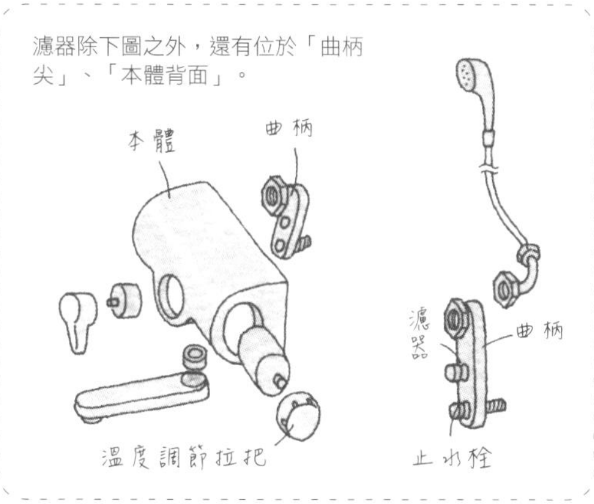

濾器除下圖之外，還有位於「曲柄尖」、「本體背面」。

！水溫不穩或出水不良

原因

水溫不穩的原因是熱水方面的濾器被垃圾或鏽阻塞，以致與冷水不能順利混合。此外，如果切換冷水時水流不順，就是起因於冷水方面的濾器被垃圾或鏽阻塞。

修理法

先確認濾器的位置。熱水方面通常是位於面對蓮蓬頭時左側的曲柄。關閉止水栓，用一字起子卸下濾器蓋。取出濾器，用牙刷刷去鏽或垃圾即可。如果還是不行，就去找水電工幫忙。

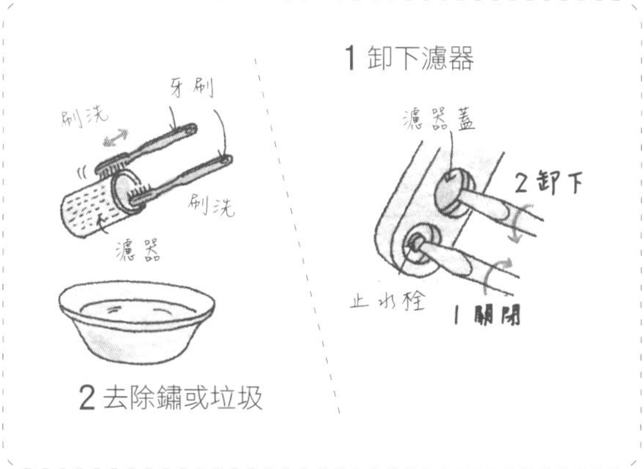

水龍頭的「故障」解決法

！水龍頭漏水！

Case 1 把手附近漏水

原因

原因在於水龍頭內部的三角墊圈損傷。

修理法

依左圖的順序更換。

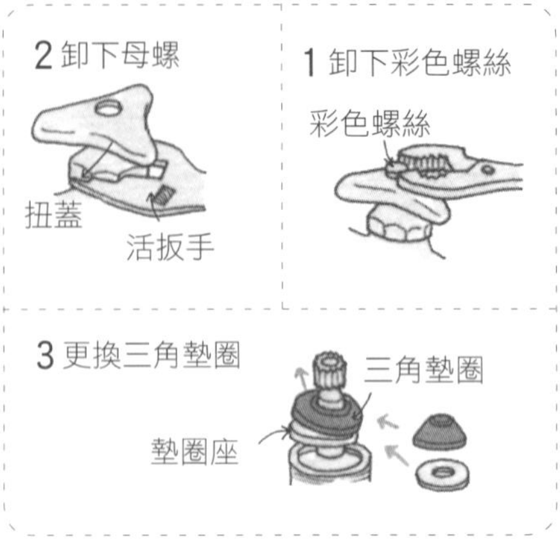

Case 2 出水口漏水

原因

原因可能在於扮演止水角色的陀螺墊圈磨損或變形。

修理法

在居家用品店購買陀螺橡皮墊圈，依照左圖的順序來更換。作業前勿忘關閉止水栓。

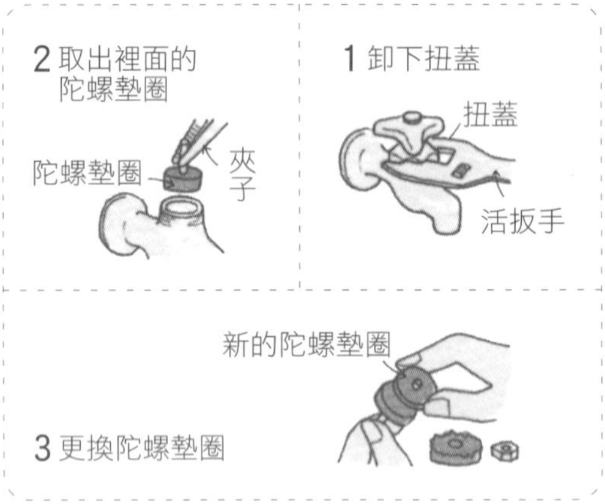

漏水 從自來水錶也可檢查

看自來水錶時，就能看到表示用水量的小陀螺（指針）。關閉止水栓時如果指針還在動，就證明漏水。

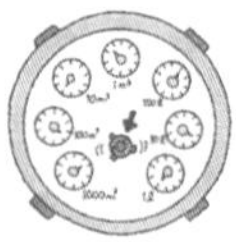

自來水錶

排水管的「故障」解決法

！排水管阻塞

原因

房屋的排水管應時常保持流暢，平時勿將落水罩取掉，或讓易堆積成塊的東西流入孔內，並且經常清理排水口邊緣的雜物。

解決對策

1 流理台水槽最常因使用不當而受阻，應特別注意。

2 勿將衛生棉紙或粗硬紙類丟棄在抽水馬桶內，致使管道阻塞。

●Part 02

使家中不長霉或孳生害蟲

住宅防霉・蟑螂對策

防霉對策

發霉的條件

發霉的條件是在20～30℃、濕度70%以上的狀態。為避免家中處在這種狀態，必須採取定期把住家兩側的窗打開以利通風，並且勤於擦拭結露，家具與牆壁之間保持5cm以上的空隙，鋪木條踏板等對策。此外，污穢會成為養分，因此掃除乾淨也重要。

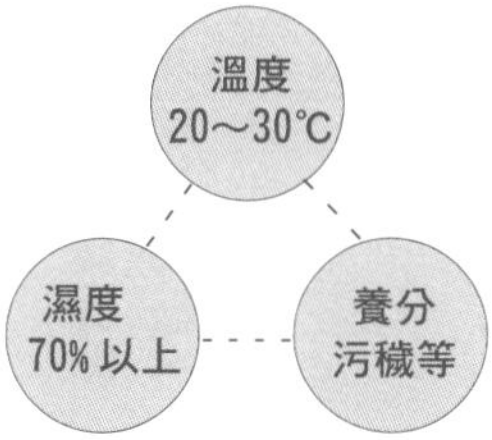

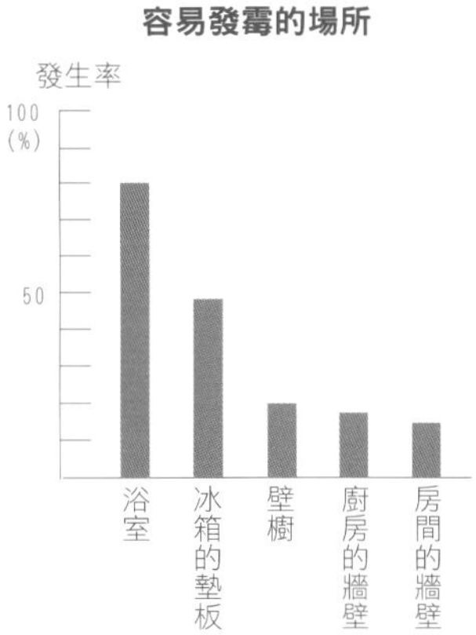

立即實行防霉對策

浴室的防霉對策

沐浴後，立即排放熱水，打開抽風機，去除濕氣。此外，在沐浴後用熱水沖洗牆壁與地板，洗去肥皂的殘渣。

壁櫥的防霉對策

避免壁櫥累積濕氣最重要。可鋪木條或把揉成一團的舊報紙夾在被子之間，以利通風。在重點之處放置除濕劑也有效果。

廚房的防霉對策

水蒸氣或油、烹調中飛散的湯汁或清潔劑的飛沫、菜屑等，廚房發生的所有東西都是霉菌的營養來源。使用抽風機，用畢廚房就打掃乾淨。

室內的防霉對策

如果在地板與榻榻米上鋪地毯就容易累積濕氣，因此在二者之間鋪防霉墊，或每週拿走地毯一次，讓榻榻米能吹到風。此外，在室內晾清洗的衣物時，濕度會提升10%，成為助長發霉的原因，因此最好儘量晾在室外。

鞋櫃的防霉對策

被雨淋溼的鞋、汗濕的鞋，直接放入鞋櫃，就會成為累積濕氣的場所。濕的鞋完全乾燥後再收進去，並在鞋櫃放置除濕劑。

窗下的防霉對策

因屋外與室內的溫度差而發生結露，露水沿著玻璃流到窗下，因此容易發霉。空氣籠罩時就立即開窗，控制室內的濕度。

蟑螂對策

蟑螂的特徵與弱點

〈生活場所・行動〉

蟑螂喜好溫暖又黑暗的場所。例如冰箱的背後或流理台與牆壁的縫隙、暖氣設備的背後等。此外，蟑螂一旦決定巢穴就會定居下來，以此為中心來行動。蟑螂的糞便裡含有「聚集費洛蒙」，能聚集同類，因此如果發現1隻不徹底撲滅，就會越來越多。蟑螂白天休息，夜晚出來活動。

〈生命力・增殖力〉

蟑螂是很耐飢餓的生物，只要有水就能存活1個月以上。而且只要是食餌或氣溫穩定的環境，據說能存活3年。此外，1隻母蟑螂1次可生30隻小蟑螂，單純計算下來，僅1對蟑螂，1年間就會增殖33萬隻。

〈好惡・天敵〉

米糠或烤肉的湯汁等人類喜好的食物，蟑螂也喜好。此外，從實驗的結果了解，蟑螂喜好澱粉或糖分甚於脂肪或蛋白質。反之，蟑螂厭惡的是乾燥與低溫。沒有水分就會死亡，在15℃以下活動力就會變遲鈍。此外，蟑螂有許多天敵，據說蜘蛛出沒的場所就看不到蟑螂。

了解蟑螂的習性來徹底撲滅！

對策1 遷入前噴灑殺蟲劑

如果搬入行李後才噴灑殺蟲劑，家具的背後或櫃子的角落就變成死角，而且重要的餐具或衣物等也會沾上殺蟲劑。因此在遷入之前就打開屋內所有的窗戶，噴灑殺蟲劑。

對策2 放置自製的硼酸丸

利用蟑螂吃同類糞尿的習性，就是所謂硼酸丸的毒餌。吃下毒餌的蟑螂返回巢穴排泄後，吃下這些排泄物的同類也會中毒。中毒的蟑螂會外出找水喝，因此不必擔心死骸殘留在屋內。

〈硼酸丸的做法與用法〉

●準備的材料

硼酸100g、水1大匙、麵粉1／4杯、砂糖1大匙、洋蔥小1個、鋁杯

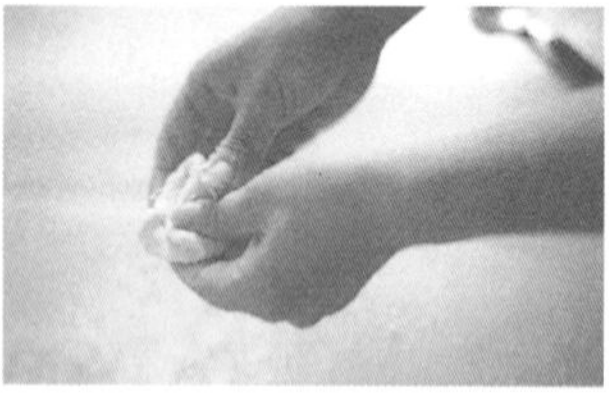

1 把洋蔥磨成泥，與硼酸、麵粉、砂糖、水混合，搓揉到耳根般的軟硬度。

2 把1搓成直徑約2cm的丸子狀。放入鋁杯乾燥1週，然後放在屋內的重點場所。

對策3 以乾燥來保持清潔

不要囤積生廚餘，勤用吸塵器來保持屋內的清潔。此外，開抽風機擦拭水槽的水滴，去除濕氣。蟑螂的糞成為其他蟑螂的食餌，因此一發現就立即撲滅。

對策4 使用燻煙劑來撲滅藏在陰暗處的蟑螂

夜間外出活動，白天藏在巢穴的蟑螂，1天中4分之3的時間都躲在陰暗處生活。燻煙劑就是利用這種習性，撲滅所有蟑螂。因其有效成分遍佈屋內各個角落，而能殺光所有蟑螂。最近更出現輕便的噴霧型，因此可在外出前使用。

對策5 用清潔劑使其昏厥

用浴室用清潔劑或廚房用強力清潔劑、「殺菌劑」等噴灑蟑螂。清潔劑的成分能使其昏厥，然後用掃帚掃出室外。

Part03

避免成為「擾人的鄰居」

住宅的隔音術

對策1 填滿門窗的縫隙

聲音會從門窗的些微縫隙傳出去，為徹底隔音，把專用膠帶貼在門窗的縫隙，就能收到很大成效。

對策2 拉上窗簾、鋪地毯

效果意外高的是窗簾與地毯。把窗簾改為厚的材質，鋪地毯，牆壁也掛壁毯，如此就有效。

對策3 活用防震墊

抑制冰箱或洗衣機振動有效的是防震墊。這是利用橡皮的材質來吸收震動，防止震動傳到地板，因此對樓下的住戶有隔音效果。市面有出售套在發出聲響的家電的腳的類型，以及組合數個墊子使用的類型，可配合用途來挑選。

對策4 用耳機來聽音樂

終極的對策就是耳機。看電視或聽音樂、彈奏樂器時，一律使用耳機的方法。最近出現無線的耳機，非常方便。不過為了保護耳朵，音量不要太大。

●Part 04

還有平日可能發生的難題！

一舉解決各式各樣住宅的「難題」

！遺失鑰匙！

如果發生在深夜，只好找專門業者幫忙。但必須選擇能提出執照或保險證等證明身分與住所的業者，有些業者會要求顧客提出是該處居住者的證明，或必須會同第三者。此外，最好清楚自己住宅鎖的型號，否則業者很棘手，因此事先記下型號，以防萬一。

不弄丟鑰匙的須知：

❶不把鑰匙裝在筆記本或錢包內。萬一弄丟，不僅找不到，還有可能被人盜用。

❷也不要直接放在衣物的口袋。因為掏東西時容易一起掏出而搞丟。

❸固定放在提包中的某處。因為經常發生請業者開鎖後立即在提包內找到的情形。

❹如果有朋友住在附近，互相代為保管備用鑰匙也是一種方法。

！停電！

家中常備手電筒或蠟燭。此外，為避免因停電使電腦畫面消失，裝置所謂USP的蓄電池也是一招。如此當電源切斷時，也能自動切換而保存資料。

！自家發出的煙或氣味

烤魚或抽菸所製造的煙或氣味，也會造成鄰居的不滿，因此必須有所顧慮。

最近市面出現不少除臭噴霧劑或炭素材的去除氣味等惡臭對策商品，不妨多加活用。尤其飼養寵物的人要特別注意。

希望牢記

住宅的難題解決術5條

1 準備起子、鉗子等基本的修理用具

2 了解用水設備的結構，能自己動手修理就自己來

3 清潔過日子才能防止碰到發霉．蟑螂

4 為避免成為「擾人的鄰居」採取萬全的隔音對策

5 鑰匙放在提包固定的場所以防遺失

05·05

不要獨自煩惱

排遣單身生活寂寞手冊

Don't worry about your loneliness ●●

可以自由自在生活是單身生活的醍醐味，
但另一方面也會感到回家後空無一人的寂寞。
為使每天這種生活更有活力而特別設置這一章。
從享受獨自空間的祕訣，到心情真正低落時的因應法、
很難向他人啟齒的疑問，都在此一一解決。

向前輩請益！

「當我感到真正寂寞時」

獨自一人吃飯時

不少人對「邊看電視邊獨自一人吃晚飯」感到寂寞。有時甚至吃什麼都不記得，一察覺飯已經吃光……。

雖然說「我回來了」也寂靜沒有回應時

昏暗的玄關與寂靜的屋內是寂寞的象徵。因此有人說「一回到家就非馬上開電視不可」。

一通電郵（簡訊）都沒有時

電腦或行動電話的來信，現在已經成為確認「與朋友交往」的最重要工具。有不少表示「如果看到收信『0件』，就會感到悲哀」。

生病時

生病時，除「寂寞」之外，「不安」的比重也佔很大。因此有不少人提出「希望聽到某人問候的話語」的想法。

獨自吃便利超商的便當時

把便利超商的便當視為寂寞代名詞的人也不少。「想家」的傾向似乎很強。

獨自觀賞綜藝節目時

電視節目的內容越搞笑就越感到寂寞，因此有人表示「自己的笑聲響徹屋內時就越感到空虛」的心情。

無人回應「好痛」或「哎呦」等無關緊要的話語時

離家獨居後才了解家人存在的重要性。因此有人會感嘆「撞到腳趾頭時也無人安慰……」。

太過節省時

雖然節省很重要，但如果滿腦子只想到這件事，就會突然感到空虛。

掛斷電話時

因寂寞而打電話的情形頗多，反而在結束通話後才更感到寂寞。

●Step 01

心情不佳的日子
如果持續

檢查自己的心理狀態

剛開始雖是小煩惱但如果不理會就會出現問題

因工作或戀愛等平日的煩惱，偶爾心情低落，感到鬱悶，任何人都會碰到。這是心理疾病中比較輕微階段的症狀。可說是「心理罹患小感冒」的狀態。但如果對煩惱置之不理，就會像一般感冒可能惡化一樣，妨礙到工作或日常生活，而可能引起胃潰瘍或食慾不振等身體的疾病。為避免發生這種情況，平時就要刻意休養生息，紓解心理的壓力。面對自己，趁早把握心理是否疲倦。

一般人都為哪些事煩惱？

現在煩惱的事有哪些？

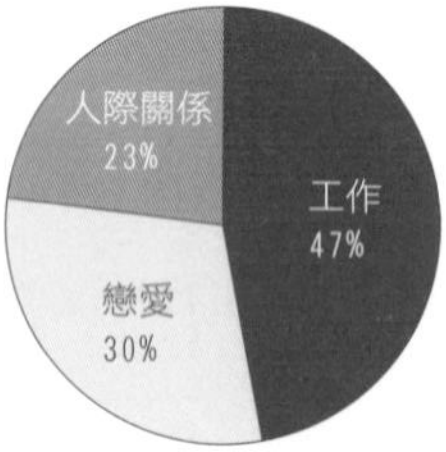

與一天花費的時間長度成正比，與工作有關的煩惱佔第一位。單身生活的人，回到家也沒有可以說話的家人，因此無法高明轉換情緒的人居多。而戀愛或人際關係的煩惱切勿獨自一人承受，否則可能持續很久。

工作篇　工作上的煩惱有哪些原因？

第 1 位　與上司不合
第 2 位　與同事的人際關係
第 3 位　工作的失敗或今後的不安

第 1 位的「與上司的關係」，在女性方面除上述以外，還有「性騷擾」。在與同事的關係中，回答「受到背地暗算而孤立」、「與個性不合的人共事，每天都很煩躁」等，與合不來的人共處，公司特有的問題也明顯。此外，並非人際關係，而是因工作上失敗而自責，或對公司或自己的前途感到不安的人也不少。

人際關係篇　人際關係的煩惱有哪些？

第 1 位　沒有朋友
第 2 位　無法與他人對話
第 3 位　害怕置身團體中

「自認為是缺乏魅力的人，對方可能認為沒有我比較快樂」、「面對他人時會臉紅」、「認為與人交往很麻煩，而沒有朋友」等，似乎各種煩惱都有。單身生活時，家中無人說些鼓勵的話，因此找不到商量的對象，以致更加煩惱的案例也不少。

戀愛篇　因戀愛煩惱的原因有哪些？

第 1 位　失戀
第 2 位　戀人劈腿（不忠）
第 3 位　沒有戀人

「因失戀的痛苦經驗而變成戀愛恐懼症」、「忘不了分手的情人，心情低落長達半年以上」等，失戀的煩惱似乎頗為嚴重。此外，也有因戀人劈腿導致「嫉妒而失眠」、「因背叛的打擊而變成神經衰弱」等例子。如果獨自一人在家哭泣，可能很難重新振作起來。如果很久沒有戀人，擔心「這樣下去可能結不了婚，感到不安」的人也不少。

首先測驗你的壓力承受度！

檢查自己符合以下哪些項目。以YES得1分、30分滿分來計算，從合計分數來檢查你現在的壓力承受度，然後參考下頁起的因應法！
（出處：依據河野友信著『專科醫師淺顯易懂教導的心理壓力病』（PHP研究所刊）製作）

1	頭腦不清醒（頭重）	YES/NO
2	眼睛疲勞（眼睛疲勞的情形比以前多）	YES/NO
3	偶爾鼻塞（有時鼻子不舒服）	YES/NO
4	有時會感到暈眩（以前完全沒有）	YES/NO
5	偶爾會站立暈眩（瞬間感到天旋地轉）	YES/NO
6	有時會耳鳴（以前沒有）	YES/NO
7	常引起口腔炎（比以前容易引起）	YES/NO
8	經常喉痛（喉嚨有時會刺痛）	YES/NO
9	舌頭常發白（以前正常）	YES/NO
10	以前愛吃的食物現在不太想吃（對食物的好惡改變）	YES/NO
11	因食物而胃脹（胃的狀況似乎不佳）	YES/NO
12	腹脹、疼痛（交互反覆腹瀉與便秘）	YES/NO
13	肩痠（頭也重）	YES/NO
14	背或腰有時會痛（以前不常發生）	YES/NO
15	疲勞不易消除（比以前容易累積疲勞）	YES/NO
16	最近體重減輕（有時沒有食慾）	YES/NO
17	做一點事就感到疲勞（比以前容易疲勞）	YES/NO
18	早晨起床時偶感不舒暢（似乎還留下前一天的疲勞）	YES/NO
19	對工作提不起幹勁（精神不集中）	YES/NO
20	不容易入睡（睡不著）	YES/NO
21	經常作夢（以前沒有）	YES/NO
22	在半夜１、２點醒來（之後多半睡不著）	YES/NO
23	有時突然感到喘不過氣來（感覺空氣不足）	YES/NO
24	偶爾會心悸（以前沒有）	YES/NO
25	有時會胸痛（感覺胸被勒緊）	YES/NO
26	經常感冒（而且不易痊癒）	YES/NO
27	因瑣碎小事而生氣（經常煩躁）	YES/NO
28	手腳經常冰冷（以前不常有）	YES/NO
29	手掌或腋下常出汗（容易出汗）	YES/NO
30	不想見人（以前沒有）	YES/NO

測驗結果

0～5…**無壓力** → P.182	11～20…中度**壓力**(需要諮詢) → P.187
6～10…輕度**壓力**(需要休養)→ P.186	21～30…重度**壓力**(需要受診) → P.188

Step 02

無壓力的你

享受獨處時間來排遣寂寞

享受沐浴時間

沐浴時間帶來的效果

沐浴除能消除肌肉或關節的僵硬之外，也能促進新陳代謝而對美容有益。單身生活可以想洗多久就洗多久，因此能使效果倍增。

值得推薦的沐浴法與水溫

水溫設定在稍低（38～40℃），悠哉的泡澡，才能全身放鬆。此外，泡水位在胸口以下的半身浴值得推薦。

對肌膚溫和的洗澡法

把海綿沾上肥皂或沐浴乳，搓揉出細泡，撫摸般來洗。切勿用力搓洗。

如何更加放鬆

芳香精油浴

把1～2滴芳香精油滴入浴缸。香氣瀰漫狹小的浴室，就能實際感受芳香精油療法的效果。聞喜愛的香氣，呼吸就會自然加深而達到放鬆效果。

牛奶浴・酒浴

在1人用的浴缸倒入4～5大匙牛奶，或酒1杯是適量。蛋白質或糖分能提高保濕效果。

依心情別推薦的精油	
希望放鬆時	薰衣草 白檀 橙花 玫瑰 茉莉花
希望安眠	薰衣草 洋甘菊 花梨木（紅木）
希望使低落的心情變得開朗	迷迭香 檸檬 胡椒薄荷

泡腳的推薦

泡腳的方法

把雙腳泡在熱水中就是泡腳。有泡到腳踝的方法，以及泡到小腿肚的方法。容器利用現有的洗臉盆或水桶即可，不過最近市面有出售具備各種功能的專用泡腳器，不妨試試看。

泡腳的效果

使腳暖和能促進血液循環，有把血液中的老廢物或疲勞物質（乳酸）迅速排出體外的效果。因此能消除腳水腫或冰冷等。在熱水中添加精油更有效果。

能簡單實施而值得推薦的泡腳法

把水桶裝入熱水後，提到房間，然後坐在椅子或床上，放入雙腳泡約10～15分鐘。如果想去除腳的污垢，可添加百里香或薄荷，如果想保濕就添加含牛奶的沐浴劑。

享受伸展體操

伸展體操帶來的效果

肌肉僵硬時，就會引起全身疲勞或倦怠。藉由做伸展體操來鬆弛肌肉或關節，促進停滯的血液循環，把充分的氧氣供應給肌肉，就能消除疲勞或倦怠。尤其在沐浴後實施，更能促進血液循環而有效。

在自宅實施伸展體操時的要點

做伸展體操時，基本的呼吸法是從鼻慢慢吸氣，從口慢慢吐氣。此時意識伸展的肌肉，勿停止呼吸進行10～20秒，然後維持該姿勢的狀態。1天實施5～10分鐘即可，不必勉強，但每天持續實施。利用就寢前的時間來實施就能消除疲勞。

肩周圍

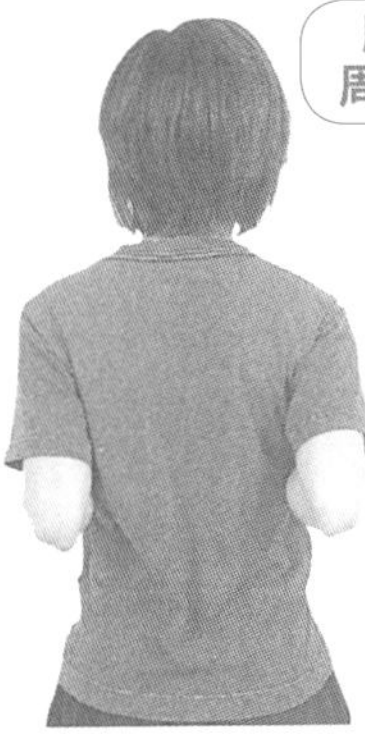

伸直背肌，手肘輕輕彎曲，把左右肩胛骨慢慢靠向背中央伸展。

全身

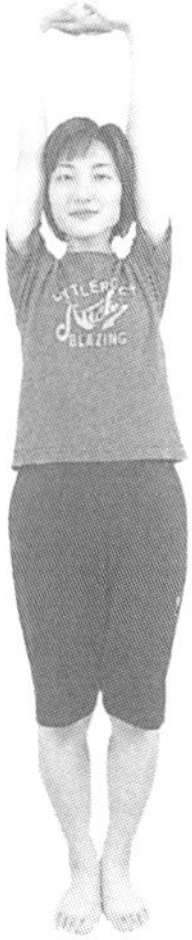

手臂高舉，靠近耳朵，雙手在頭上交叉，儘量伸展全身。此時注意背不要後仰。

背&大腿

❶如圖般坐下，一手放在後頭部（枕部），另一手放在膝上。把上身慢慢倒向正側方，伸展側腹。

❷把上身向伸直的一腳前屈，伸展背與大腿。不太勉強的程度即可。

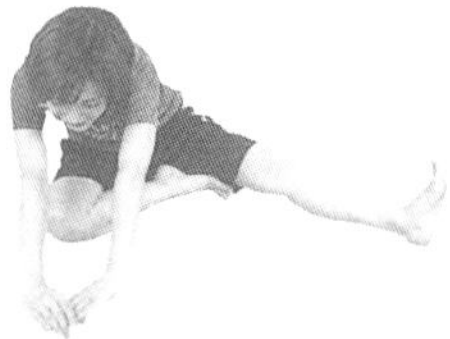

❸向各方向前屈，使背與大腿徹底伸展。

享受音樂

音樂帶來的效果

音樂有使人心高亢或鎮靜的效果。播放波浪的聲音或鳥叫聲的療癒系CD，慢慢放鬆全身。

配合心情來選曲很重要

「因沒有元氣而播放熱鬧的歌曲」，其實並不正確。選擇與當時的心情同質的歌曲才能紓解壓力而放鬆。例如在悲傷時聽傷心的歌曲，煩躁時聽激烈的歌曲，讓歌曲代言自己的心情才有效果。

從音樂網站購買音樂

如果想依心情別準備音樂，透過網路播放的音樂較方便，隨時可點選新歌，不必為了買CD還要煩惱無處收納。加上可以先試聽，因此可以挑選自己喜愛的歌曲下單購買也是魅力。這類網站不少，不妨搜尋看看。

享受綠色植物

綠色植物帶來的效果

室內有植物時，就會讓人心情舒暢。在澆水或摘除枯葉等悉心照料中，就能適時轉換情緒。

尋找適合自己的綠色植物

●新手

石柑 耐乾燥，根強韌，因此幾乎不照顧也能健康成長。春、秋直接照射日光，夏天放在半日陰，冬天隔著玻璃窗照射光線。

●經常不在家的人

橡膠樹 能耐稍微惡劣環境的強韌植物。即使2～3天不澆水，葉仍然有光澤，健康成長。土壤乾燥再澆水。

●不喜歡室內有泥土的人

水草 漂浮在裝水的容器，就能簡單享受綠色植物。避開直射日光以免造成水溫上升，水髒就換一半的水。

綠色植物的基礎知識

綠色植物的放置場所

植物究竟該放在何處，視種類而定，但大半的植物偏好適度明亮的半日陰。放在距離窗戶2m左右的明亮場所。此外，大部分的植物不太耐寒或乾燥，因此避免直接吹到空調風的場所，冬天放在有暖氣設備的房間。

澆水的祕訣

春天到秋天是植物的生長期，因此多澆點水。反之，秋天到冬天就減少澆水的次數，使其習慣耐乾燥很重要。基本上是當土壤乾燥時，充分澆水到從花盆底洞流出水的程度。

不在家時的澆水

如果是小型植物，就在洗臉盆裝水，把盆栽泡入，這樣即使外出長達半個月左右也不用擔心。此外，也有自動澆水的便利用品，可多加利用。

享受飲茶或飲酒

飲料帶來的效果

就像睡不著的夜晚喝牛奶能使心情平靜一樣，飲料類也有獨特的治療效果。在疲勞的夜晚可以喜愛的調配來作伴。

推薦茶．咖啡的調配

奶泡可可

可可粉用冰牛奶溶解。加砂糖，用中火來煮。倒入容器，把鮮奶油攪拌至稍硬後放上，最後灑上可可粉。

越南式咖啡

把煉乳倒入杯子中，放上專用過濾器，加入磨好的咖啡粉。先注入少量熱水來燜，再一口氣注入熱水。

蘋果肉桂奶茶

牛奶與水以2：1的比例入鍋，加蘋果茶的茶葉1又1／2小匙來煮。快煮開前熄火，過濾。放上攪拌奶油，加入適量砂糖，灑上肉桂粉。

推薦酒的調配

葡萄酒調酒

把在冰箱冰涼的雪碧與紅葡萄酒，以1：2的比例注入裝冰塊的玻璃杯。如果有檸檬，就切片來搭配。

香堤（Shandy Gaff）

啤酒與薑汁汽水的比例是1：1，注入玻璃杯就完成。此外，如果用番茄汁代替薑汁汽水，就變成名為「紅眼」（Red Eye）的調酒。二種都很簡單，不妨試試看。

熱威士忌

材料

威士忌…45mℓ
方糖…1個(或砂糖1大匙)
熱水…適量
橘子汁…25mℓ
肉桂棒…1根

把方糖放入玻璃杯，用少量熱水溶解。注入威士忌與橘子汁，加入適量的熱水。用肉桂棒攪拌添加香味後就完成。

享受與寵物的生活

寵物帶來的效果

因為會撒嬌且有反應，故能成為無可替代的同伴，讓人心情開朗。但切勿打擾到鄰居，遵守規定來飼養。

尋找允許飼養寵物的房屋

在不能飼養寵物的房子偷偷飼養就違反規定。找房子時可上不動產公司的網站來尋找允許寵物的物件。

不在家時

最近有寵物飯店或供寵物住宿的飯店等，因此如果長期不在家就能加以利用。平時不溺愛寵物，不在家時寵物就不會因寂寞而亂吠。

飼養前先考慮飼養寵物的費用

就拿貓．狗為例來說，小屋、便器、除臭劑、飼料盒、項圈等用品大約花費5仟~1萬元。除此之外，飼料與便器及貓砂費用，每月約2500元左右。

適合單身生活飼養的寵物

倉鼠
不耐熱與濕氣，請注意。圖中是黃金鼠。

迷你兔
荷蘭種，可以管教訓練。

烏龜
需要水，有一點氣味。有時會叫，但是不會弄髒房間，看家高手。

●Step 03

輕度壓力的你
高明紓解壓力

矯正生活的節奏

早起最能預防壓力

如果因熬夜或加班到深夜等使生活節奏混亂，對抗壓力的自律神經作用就會混亂，引起身心的不適。

預防最有效的做法就是早睡早起。早晨是克服壓力的副腎皮質荷爾蒙分泌旺盛的時段，因此容易緩和壓力。

因此建議邊看早晨的電視節目邊做早餐，養成早起的生活習慣。

尋找轉換情緒的方法

在工作或讀書中，人是以左腦思考事物。因此只要使左腦休息用右腦，就能轉換情緒。

哪些事能轉換情緒

音樂

聽喜愛的音樂或演奏樂器的做法有益。但如果剛開始學樂器，邊思考邊演奏，那就無法轉換情緒。

運動

除自己擅長的項目之外，散步或慢跑、伸展體操等運動也能轉換情緒。但比賽會用腦，因此會造成反效果。

家事

掃除或洗衣、烹調拿手的菜餚等，因不需思考就能專心投入，故有休息左腦的效果。反之，如果從事需要技術或棘手的家事，則反而會成為壓力的原因。

藝術

心情好時拍照、動手製作小玩意兒、更換房間的佈置等，都是使用右腦。下班回家後更換房間的佈置，可說最適合轉換情緒。

參考P182~185享受獨處時間的方法

●Step04

中度壓力的你

與輔導員相談

有中度壓力的人，不妨與輔導員相談。

輔導中心不會提出解決對策，也不會開藥，但能讓諮詢者自覺心理的問題，或「協助」自己來克服。藉由聆聽來整理，讓諮詢者自己找出解決對策。

輔導中心會聆聽任何煩惱

輔導中心受理的相談內容各式各樣，有拒食、過食症或外出時陷入恐慌的恐慌障礙、因在意體臭或口臭而不敢外出的恐臭病(halitophobics)，等心理疾病，以及人際關係、工作或戀愛的煩惱等。

也就是說不論是小煩惱或大煩惱，任何事都能諮詢，被聆聽。切勿認為「這種小事找人相談很奇怪……」無須顧忌，大膽去敲輔導室的門。

輔導員與醫師的差異

精神科的醫師雖能做醫學上的診斷與治療、處方藥物，但通常沒有充分的時間關心每一名患者的心理狀態。

而輔導員雖不能進行具體的治療，卻會有耐心的聆聽，關心諮詢者心理的狀態。

如何分辨可靠的輔導員

心理的疾病有經過輔導後就獲得解決的案例，也有輔導之外還需要接受治療或用藥的案例。

也就是說分辨的要點在於，是否與醫療機構合作來因應任何案例。

輔導中心的基本流程

打電話簡單告知希望諮詢什麼事項，煩惱持續多久，然後預約面談。

→ **自己也不了解煩惱原因的情形**
進行幾種心理測驗，找出不自覺的性格或心理上的問題。

→ **有具體煩惱的情形**
具體告知煩惱內容，開始煩惱的時期，現在的生活、身體狀況、家庭成員等。

→ 進行各種對話，與輔導員對話並一同思考「如何才能解決」。

→ **被診斷為心理疾病的情形**
與精神科合作，進行醫學性治療或處方藥物。

→ **在輔導中心獲得解決的情形**
在輔導中心每次約1小時、持續輔導1~2週至問題解決為止。

●Step05

重度壓力的你

不要顧忌的前往醫院

何謂「心理疾病」的初期症狀？

心理疾病多半是從失眠開始，之後會出現特徵性症狀。任何人都可能罹患的代表性「心理疾病」是心身症與神經症。

前者是因心理的問題引起的身體疾病。例如心身症的胃潰瘍等，不僅治療潰瘍，也需要心理療法。

而後者是因心理性壓力引起的心理疾病。代表性的是憂鬱症，特徵是心情低落、自責。長期持續不安感或悲觀思考等情緒低落後，精神就不集中，迴避人際關係等，做什麼事都提不起勁來。

診察的項目

首先從充分聆聽患者說話開始。除詢問疾病的成因、症狀、生活模式之外，也會詢問成為其背景的家庭成員或性格、以往的人生等。

此外，視情況也會進行心理測驗，以及探討心理擁有的問題原因。綜合思考這些要素之後，再來判斷是何種疾病，思考何種治療法有效。

「心理疾病」的治療法

代表性的是精神療法、行動療法、藥物療法等。其中精神療法是依據精神醫學的理論與患者對話，來改變患者本身的想法，解決問題。

行動療法是解析症狀的原因，進行成為原因的行為，然後逐步來克服。藥物療法是使用下列的藥物來緩和患者的症狀。

「心理疾病」使用的藥物

與普通內科疾病一樣，「心理疾病」也能藉由藥物來恢復。主要的藥物有「抗鬱劑」與「安定劑」，只要配合症狀來服用，就能改善與心理疾病有關的神經傳達物質的異常。由此來改善並減輕症狀，使患者本身能冷靜思考症狀的原因，而由自己來解決問題。

不可不知的「心身症」

現代人來自於各方面的壓力極大，容易產生焦慮，加上缺乏適度的休閒及放鬆，使得焦慮讓自律神經系統產生反應而造成諸多症狀。雖然臨床上有些身體疾病會引發焦慮的症狀，但焦慮會使身體症狀更加惡化，如此惡性循環，使情況變得相當複雜，時間久了便會出現心身症及焦慮症。

狹義的心身症包括偏頭痛、特發性高血壓、氣喘、甲狀腺機能亢進、十二指腸潰瘍、潰瘍性大腸炎、風濕性關節炎等七種內科疾病，但一般心身症的概念更廣泛，除了指心理因素特別重要的各種身體疾病及病態外，並包括以身體症狀為主訴之精神官能症及精神生理反應（Psychophysiological reaction）。

有時在不自覺中累積壓力

壓力的種類各式各樣，但一般人忽略的日常瑣事其實是一大原因。尤其現代人容易累積所謂「每天亢奮」的些微焦躁。也有與人打招呼時沒被聽到或不被理會，即使依照上司指示來做事卻被責罵等，諸如此類心中些微的芥蒂在不自覺中累積，等到一察覺時已變成巨大的壓力。

如果獨自煩惱 症狀就會進展

如果放任下去，一直鑽牛角尖想不開，有時最後會走向自殺一途。因此最好結交一些能吐苦水的朋友，但如果難以向朋友啟齒，就不要顧忌的找輔導員相談。

治療的期間

良好狀態穩定持續1年以上才稱得上是完全治癒。據說有不少患者因中途不去醫院，最後更加惡化而又再度回到醫院。因此不可大意，持續到院直到醫師做出完全治癒的診斷為止。

自己本身覺得有些不對勁時

去諮詢心理疾病絕不丟臉！

心身症與神經症共同的症狀之一是「不安」。但任何人或多或少都會感覺不安。那麼二者有何差異，如何判斷是疾病呢？

依據專科醫師的說法，「不安有正常的不安與病態的不安」。正常的不安了解原因，只要找到解決的方法就能加以排除。而病態的不安則是反覆持續不安，以致妨礙到日常生活的地步。

如果認為自己有這種狀態，就趁早去醫院諮詢。就像感冒發燒時去看內科、接受診察、服藥來治療一樣，當心理感冒時，也不要顧忌去醫院諮詢。

國際生命線總會

http://www.life1995.org.tw/

「生命線」是一個國際性的電話心理輔導機構，藉著全日24小時的電話守候，致力於自殺防治。全國生命線會員約6仟名，志工約4仟多名，組織相當龐大，每年的服務數更多達10萬人次之多，宣導推廣人數達百萬人次，足見生命線在一般民眾心中，已是心理輔導的代名詞，並深受信賴。

「張老師」基金會

http://www.1980.org.tw/

為因應社會及青少年需要，救國團於1969年11月11日正式成立青少年輔導中心—「張老師」；發展至今，已在全省12個縣市設有13處諮商輔導中心及1個訓練中心。透過各種輔導方式，以及推廣心理衛生活動，協助青少年及社會大眾解決心理及生活困擾，並促進自我成長。

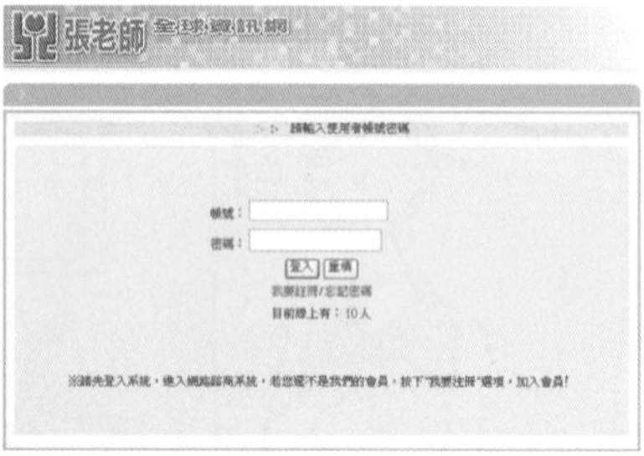

張老師--網路諮商

(時間：PM18:30-PM21:30)
免費會員登入即可在線上與張老師諮商。
http://report.1980.org.tw/consultant/login

希望牢記 排遣寂寞的 5種方法

1 偶爾窺視自己的心理來檢查狀態

2 享受獨處時間來趕走一天的疲勞

3 找出情緒轉換法是紓解壓力的關鍵

4 感到心理不適時，不要猶豫的前往輔導中心

5 心理疾病早期發現最重要，立即前往諮詢，切勿獨自煩惱

臺灣憂鬱症防治協會

http://www.depression.org.tw/

本協會於2002年創立，至今已經三年半，為依法設立之非營利的社會團體。創立的宗旨是：推動台灣與鬱症和相關疾患之防治及心理衛生健康促進之工作及研究發展，聯繫會員情感並與國內外鬱症防治相關團體聯繫及合作。

一個人住 必備生活救戰手冊！

10秒念力！衰男衰女大改運！

12.8×18.8cm
224頁 雙色
定價180元

當積極的心力和掃除的力量結合時，掃除就擁有使命運好轉般的強大能力。所謂「好運不求人」，善用本書的智慧，就能為自己帶來不斷的幸福！

省錢大作戰 絕妙999招

19×26cm
192頁 彩色
定價300元

水電費、伙食費…生活中需要的支出琳瑯滿目，而且物價高漲但薪水卻沒有增加。本書網羅各式各樣的節約小秘方，讓你從生活習慣開始著手，省錢簡單又不費力。

瞬間擁有 蜜桃美肌

15×21cm
176頁 彩色
定價250元

本書請來九位日本美容專家當你的私人肌膚顧問，秉持專業健康的態度，教你如何進行平日的基礎保養，以及特殊保養。

不用看醫生的健康常識

14.5×21cm
192頁 單色
定價250元

不要再被短暫的風潮或流行一時的健康法耍得團團轉了。本書網羅了隨即能派上用場的健康常識，是解開以往所疑惑與不安的「超入門・健康常識」！

戶　　名	瑞昇文化事業股份有限公司
劃撥帳號	19598343
劃撥優惠	三本以上9折
	三～九本85折
	十本以上8折
	單本酌收30元郵資

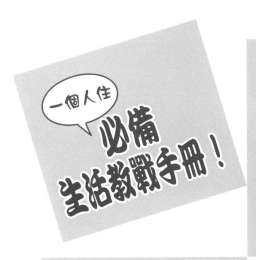

快樂住外面！
一個人生活完全BOOK

出版	瑞昇文化事業股份有限公司
編集	主婦の友社
譯者	楊鴻儒
總編輯	郭湘齡
責任編輯	謝淑媛
文字編輯	王瓊苹
美術編輯	朱哲宏、陳昱秀
製版	興旺彩色製版股份有限公司
印刷	桂林彩色印刷股份有限公司
地址	台北縣中和市景平路464巷2弄1-4號
電話	(02)2945-3191
傳真	(02)2945-3190
網址	www.rising-books.com.tw
Mail	resing@ms34.hinet.net
劃撥帳號	19598343
戶名	瑞昇文化事業股份有限公司
初版日期	2008年1月
定價	220元

●國家圖書館出版品預行編目資料

快樂住外面！一個人生活完全BOOK ／
主婦の友社編集；郭湘齡總編輯／初版
台北縣中和市：瑞昇文化, 2008. 01
192面；15×21公分

ISBN 978-957-526-726-1(平裝)

1.家政 2.手冊

420.26 97000295